电力科学与技术发展
——年度报告——

2023

电 氢 耦 合
发展报告

中国电力科学研究院　组编

中国电力出版社
CHINA ELECTRIC POWER PRESS

图书在版编目（CIP）数据

电力科学与技术发展年度报告.电氢耦合发展报告：2023年 / 中国电力科学研究院组编 . -- 北京：中国电力出版社，2024.8. -- ISBN 978-7-5198-8792-6

Ⅰ. TM-53

中国国家版本馆 CIP 数据核字第 2024P3Z516 号

出版发行：中国电力出版社

地　　址：北京市东城区北京站西街 19 号（邮政编码 100005）

网　　址：http://www.cepp.sgcc.com.cn

责任编辑：周秋慧（010-63412627）　胡　帅

责任校对：黄　蓓　常燕昆

装帧设计：郝晓燕　　永诚天地

责任印制：石　雷

印　　刷：北京九天鸿程印刷有限责任公司

版　　次：2024 年 8 月第一版

印　　次：2024 年 8 月北京第一次印刷

开　　本：889 毫米 ×1194 毫米　16 开本

印　　张：5.25

字　　数：101 千字

定　　价：80.00 元

电力科学与技术发展年度报告

编委会

| 主　任 | 高克利 |

副主任　蒋迎伟

委　员　赵　兵　殷　禹　徐英辉　郜　波　李建锋　刘家亮
　　　　赵　强

编审组

组　长　郭剑波

副组长　王伟胜

成　员　程永锋　郑安刚　万保权　雷　霄　惠　东　田　芳
　　　　周　峰　来小康　卜广全　张东霞

电氢耦合发展报告（2023 年）

编写组

组　长　赵　强

成　员　康建东　刘章丽　杨晓楠　李　扬　万金明　赵　轩
　　　　肖　铮　李俊辉　吴倩红　张玉琼　何桂雄　张媛媛
　　　　苗　博　渠展展　朱昱东　贾晓强　刘　超　牛　萌
　　　　肖　燕　许　婧　陈紫薇　高甲蒙　杨宏华

编写单位

中国电力科学研究院有限公司

当前，世界百年未有之大变局加速演进，科技革命和产业变革日新月异，国际能源战略博弈日趋激烈。为发展新质生产力和构建绿色低碳的能源体系，中国电力科学研究院立足于电力科技领域的深厚积累，围绕超导、量子、氢能等多学科领域，力求在前沿科技的应用与实践上、在技术的深度和广度上都有所拓展。为此，我们特推出电力科学与技术发展年度报告，以期为我国能源电力事业的发展贡献一份绵薄之力。

"路漫漫其修远兮，吾将上下而求索。"自古以来，探索与创新便是中华民族不断前行的动力源泉。中国电力科学研究院始终坚守这份精神，致力于锚定世界前沿科技，服务国家战略部署。经过一年来的努力探索，编纂成电力科学与技术发展年度报告，共计6本，分别是《超导电力技术发展报告（2023年）》《新型储能技术与应用研究报告（2023年）》《面向新型电力系统的数字化前沿分析报告（2023年）》《电力量子信息发展报告（2023年）》《虚拟电厂发展模式与市场机制研究报告（2023年）》《电氢耦合发展报告（2023年）》。这些报告既是我们阶段性的智库研究成果，也是我们对能源电力领域交叉学科的初步探索与尝试。

"学然后知不足，教然后知困。"我们深知科研探索永无止境，每一次的突破都源自无数次的尝试与修正。这套报告虽是我们的一家之言，但初衷是为了激发业界的共同思考。受编者水平所限，书中难免存在不成熟和疏漏之处。我们始终铭记"三人行，必有我师"的古训，保持谦虚和开放的态度，真诚地邀请大家对报告中的不足之处提出宝贵的批评和建议。我们期待与业界同仁携手合作，不断深化科研探索，继续努力为我国能源电力事业的发展贡献更多的智慧和力量。

中国电力科学研究院有限公司

2024年4月

从全球能源绿色低碳转型趋势来看，资源开发利用方式将从矿藏资源消耗型向天然资源再生型转变，碳氢燃料开发利用方式将从高碳燃料向低碳燃料转变。能源结构优化是长期减碳的根本，氢能将是我国能源低碳发展的重要途径，氢能与电能耦合将是解决"双碳"问题的重要选择。

氢能作为我国低碳发展的重要途径，主要体现在三个方面：一是在现有能源结构基础上节能和提高能效的减排潜力巨大；二是调整能源结构，加大可再生能源的比例，将化石能源比例降下来；三是在可再生能源占比不够大及其对碳中和的作用还不明显时，我国要采用碳捕获、利用与封存技术来兜底。氢能与电能的耦合，是解决"双碳"问题的重要选择。氢能产业链非常长，应用前景广阔。氢能涉及上游的制氢、输氢、储氢、加氢环节，再到下游的用氢发电、供热、交通等环节。按照能源消费的四个大类（工业、交通、建筑和电力）划分，氢能有不同的应用领域。以交通领域为例，我国涉氢燃料电池车企数量持续增长，关键技术取得积极进展，装备国产化进程加快。众多央企、外企布局氢燃料电池汽车及关联产业，积极开展产业整合、并购等行动，上下游及关联产业竞争加剧。电力领域是目前除交通应用外氢能发展最好的领域。氢能在电力领域有两个重要的应用场景：一是电氢耦合，消纳可再生能源，提高可再生能源占比；二是氢能燃料电池，可在固定式发电、备用电源等多个领域得到应用。国际氢能专家理事会预测：到2030 年氢能将为 1000 万～1500 万辆汽车和 50 万辆卡车提供动力，到 2050年，氢能占全球总能耗的约 1/5。

《电氢耦合发展报告（2023 年）》通过分析相关国家和地区氢能项目信息、技术进展和示范工程，整体阐述了氢能战略定位及 2023 年度供需现状，分析了国内外氢能发展进程、电力氢能领域技术需求与标准布局，开展了氢能在新型电力系统应用中的专题分析，对电氢耦合发展进行总结与展望，支撑电氢耦合技术体系建立，助力新型电力系统发展。本报告可加深业内同行对电氢耦合发展重要性的理解，帮助读者了解电氢耦合发展最新进展，相信本报告将为我国氢能产业政策的制定和实施提供客观、全面、有价值的参考和咨询，对促进我国规模化氢能产业的技术进步和产业化发展具有指导作用。

　　未来十年到二十年将是我国氢能发展的重要机遇期，需紧密联系我国能源发展实际，从战略、政策、技术、资金、国际合作等方面积极谋划，广泛开展政策对话、技术交流、合作培训和工程经验分享，加强技术的自主研发与应用示范支持，完成平台体系建设，因地制宜选择氢能源产业的发展技术路线，探索有效的商业模式，通过改革创新破解发展难题，助力实现氢能高质量发展，为全球零碳愿景的实现，为我国能源清洁低碳安全高效发展贡献智慧和力量。

中国工程院院士

中国矿业大学特聘教授

2024 年 4 月

习近平总书记在党的二十大报告中提出，"积极稳妥推进碳达峰碳中和"，强调"加快规划建设新型能源体系"。党中央为实现碳达峰碳中和目标作出的一系列部署，表明了中国走绿色低碳高质量发展道路的坚定决心，彰显了中国主动履行应对气候变化的国际责任、推动构建人类命运共同体的大国担当，展现了中国致力于推动人类从工业文明迈向生态文明的时代理念。

实现"双碳"目标是一场深刻的能源革命，能源绿色转型是一个过程，不可一蹴而就。发展清洁能源的重要路径是发展清洁电能，目前由于清洁电能还不具备化石能源的燃烧属性以及提供离网大型动力的能力，因此尚不能完全替代化石能源。清洁电能全面替代化石能源，需要辅之以氢能，即实行以清洁电为主、以氢基能源为辅的电氢耦合协调机制，保证绿色能源的安全供给。因此，电氢耦合协调将是中国未来能源发展格局的必然选择。

氢具有能源属性，是最清洁的二次能源，能源系统应实现"宜电则电，宜氢则氢"。氢来源广泛，作为能源，能量密度高，可实现完全零排放、可循环，是除可再生电力之外最清洁的能源利用方式。同时，氢能利用是能够与化石燃料清洁低碳利用、可再生能源规模化利用互相并行的一种可持续能源利用路径。氢不像电，不需要每分每秒都实现平衡。总而言之，绿氢和绿电相辅相成，能解决未来我们对能源各方面的需求。2022 年全球氢气产量达到近 9500 万吨，其主要制氢来源还是化石能源。据澳大利亚能源研究院成果显示，当可再生能源制氢成本达到 1 美分时，它就比其他所有的常规制氢方式都要有竞争力。

中国电力科学研究院编制了《电氢耦合发展报告（2023 年）》。报告首先总述了 2023 年度氢能的发展现状，为读者提供准确的数据参考。其次从技术进展和示范工程两个维度分析了国内外氢能发展现状，分析了电力氢能领域技术需求与标准布局，方便读者全面了解氢能发展进程。最后结合中国电科院氢能领域最新研究成果，概述了氢能在新型电力系统中的定位、应用研判及面临挑战，开展了电氢耦合经济性发展趋势、制氢系统运行控制、综合能源生产单元等专题研究，为读者提供了电氢耦合研究技术方向。

阅读本报告，可以全面认识国内外氢能发展现状与趋势，深刻理解"双碳"背景下加快氢能发展的必要性，详细了解中国电力科学研究院有限公司电氢耦合领域的研究方向，本报告有望促进社会各界广泛开展技术交流合作和工程经验分享，推动电氢耦合快速发展。通过电氢耦合协调，辅以科技赋能，可以消纳富余的可再生能源制氢，也可以为新型电力系统提供稳定可靠的中长期储能方式，助推新型能源体系建设和双碳战略目标实现。

德国国家工程院院士

西南石油大学碳中和首席科学家

天府新能源研究院院士

2024 年 4 月

电氢耦合发展报告（2023 年）

能源保障和安全事关国计民生，是须臾不可忽视的"国之大者"。党的二十大报告明确指出"深入推进能源革命""加快规划建设新型能源体系"。2023 年 7 月，习近平总书记在主持召开中央全面深化改革委员会第二次会议时指出"深化电力体制改革，加快构建清洁低碳、安全充裕、经济高效、供需协同、灵活智能的新型电力系统"。随着新能源大规模接入电力系统，对电力电量平衡、跨区域大范围优化调度、电能长时间跨季节存储、电能质量提出了更高要求。

氢能作为连接气、电、热等不同能源形式的桥梁，将与电力形成互补协同、耦合发展的关系。氢能在新型电力系统中将发挥重要作用，主要体现在：氢能是促进新能源消纳的重要载体；氢储能在大容量长周期调节的场景中更具有竞争力；氢能是新型电力系统灵活调节的重要手段；氢能是拓展电能利用、促进能源互联互通的重要桥梁。据中国氢能联盟统计，2022 年我国氢能产量约为 3533 万吨，同比增长 1.9%；用氢量约为 2850 万吨，同比增长 5%。我国氢能产业进入了快速发展的新阶段，但氢能在电力系统中的应用尚未成熟，尚未对氢能在电力系统中的发展情况进行持续跟踪。推进电氢耦合发展情况的持续跟踪，既是对《氢能产业发展中长期规划（2021—2035 年）》的贯彻落实，也是探索在新时期提升核心竞争力、挖掘新动能、满足可持续发展的能源发展路线需求。

中国电力科学研究院有限公司（简称中国电科院）依托电氢耦合技术创新联合体和中国电机工程学会氢能技术专委会平台，联合院内各氢能研究单位，继 2022 年度《电氢耦合专业发展报告》发布后，编制《电氢耦合发展报告（2023 年）》。本书共 6 章，第 1 章对报告作整体概述，基于能源和电力发展状况阐述氢能技术发展的必要性，介绍了报告的编写思路。第 2 章总结了全球和我国氢能的发展现状，氢能供需水平稳步提升。第 3 章基于国内外的氢能项目，围绕电解水制氢、储氢、电力用氢和电氢耦合四个技术方向，对国内外氢能技术进展进行分析；基于公示的示范工程信息，围绕项目数量、制氢规模、工程类型和应用领域，对国内外氢能示范工程进行分析，获得各国氢能技术重点布局方向，氢能工程发展方向。第 4 章开展了电力氢能领域技术需求与标准布局分析。第 5 章依托中国电科院氢能领域的科技研究项目，概述了氢能在新型电力系统中的定位、应用研判及面临挑战，开展了电氢耦合经济性发展趋势、制氢系统运行控制、综合能源生产单元等专题研究。第 6 章从氢能供需现状、国内外氢能技术进展、示范工程和标准布局、氢能在电力系统中的应用几个方面总结了整本报告，在技术研究、应用场景、标准体系和国际交流四个方面对氢能未来发展进行展望。本书注重数据统计分析和典型专题研究，以期为广大读者提供借鉴和参考。

在此要感谢中国工程院院士郭剑波、中国电科院总工程师王伟胜领衔的编审组、国家电网有限公司大数据中心闫华光、中国矿业大学杨志宾教授等专家，他们对本书内容提供了许多宝贵建议，在此深表感谢。本书的出版得益于全体编委会、编审组和编写组成员的辛勤付出和努力工作。鉴于编写人员的水平和掌握的资料有限，本书难免存在疏漏及论述表达不当之处，恩请各位专家和读者批评指正。

编者

2024 年 4 月

CONTENTS

目 录

Chapter **1**

概　述

当今世界，百年未有之大变局加速演进，气候环境变化、国际局势动荡给能源社会带来严峻挑战。为了应对能源问题，超过 130 个国家及地区提出零碳目标，彰显了全球加快绿色低碳转型的雄心。在此过程中，可再生能源持续蓬勃发展，我国于 2020 年 9 月提出了"双碳"目标，于 2021 年 3 月提出了构建新型电力系统的发展目标，为新时代能源电力低碳发展指明了科学方向。截至 2023 年 12 月底，我国发电总装机容量达 29.2 亿 kW，同比增长 13.9%，风电、太阳能发电总装机容量达 10.5 亿 kW，占全部发电装机容量的 36%。随着波动性可再生能源大规模接入，对电力系统电力电量平衡、跨区域大范围优化调度、电能长时间跨季节存储、电能质量提出了更高要求 [1]。

氢能作为一种新型灵活的二次能源，与传统化石燃料相比，具有清洁零碳、灵活高效、多能转换、应用丰富等优点。加快氢能发展是应对气候变化、实现零碳目标、保障能源安全和推动社会可持续发展的重要战略选择 [2]。我国于 2022 年 3 月正式印发了《氢能产业发展中长期规划（2021—2035 年）》，对氢能发展做出顶层设计。氢能作为连接气、电、热等不同能源形式的桥梁，在新型电力系统构建中扮演着越来越重要的角色，为贯彻国家氢能产业发展规划，加快规划建设新型能源体系，充分发挥氢能对新型电力系统的支撑作用，全面助力推进能源革命，强化推动电力高质量发展，中国电力科学研究院依托电氢耦合技术创新联合体和中国电机工程学会氢能技术专委会平台，联合院内各氢能研究单位，编制《电氢耦合发展报告（2023 年）》。报告整体阐述了氢能战略定位及供需现状、国内外氢能技术进展及示范工程，进行了氢能在新型电力系统中的定位、应用研判及面临挑战、电氢耦合经济性发展趋势、制氢系统运行控制、综合能源生产单元等专题研究，最后从氢能供需现状、国内外氢能技术进展等方面对整本报告进行总结，在技术研究、应用场景、标准体系和国际交流四个方面对氢能未来发展进行展望。

Chapter 2

氢能战略定位及供需分析

2.1　氢能战略定位

可再生能源的快速发展对电力系统电力电量平衡等提出了更高要求。氢能作为一种新型灵活的二次能源，是保障新型电力系统安全稳定运行的重要选择。2022年3月23日，国家发改委、国家能源局联合印发《氢能产业发展中长期规划（2021—2035年）》（简称《规划》），明确了氢能的三大定位，指出要充分发挥氢能清洁低碳特点，推动氢能、电能和热能系统融合，推动交通、工业等用能终端和高耗能、高排放行业绿色低碳转型。

氢能在能源系统中的作用和战略定位如下：氢能是未来国家能源体系的重要组成部分；充分发挥氢能作为可再生能源规模化高效利用的重要载体作用及其大规模、长周期储能优势，促进异质能源跨地域和跨季节优化配置，推动氢能、电能和热能系统融合，促进形成多元互补融合的现代能源供应体系；氢能是用能终端实现绿色低碳转型的重要载体；以绿色低碳为方针，加强氢能的绿色供应，营造形式多样的氢能消费生态，提升我国能源安全水平；氢能产业是战略性新兴产业和未来产业重点发展方向；要践行创新驱动，促进氢能技术装备取得突破，加快培育新产品、新业态、新模式，构建绿色低碳产业体系，打造产业转型升级的新增长点，为经济高质量发展注入新动能。

2.2　氢能供需分析

2.2.1　全球氢能供给与需求分析

1　氢能供给

2022年全球氢气产量达到近9500万t，与2021年相比增长了3%，2020—2022年全球氢气生产方式占比如图2-1所示。当前仍以灰氢为主，不含碳捕集、利用和封存技术（carbon capture, utilization and storage,

CCUS）的天然气制氢占全球产量的 62%，煤制氢占全球产量的 21%，化工副产氢占全球产量的 16%。

2022 年的蓝氢产量不足 60 万 t，占全球氢产量的 0.6%，与 2021 年产量相近，几乎全部来自带有 CCUS 技术的化石能源制氢。电解制氢产量仍然较小，2022 年低于 10 万 t，同比增长了 35%。

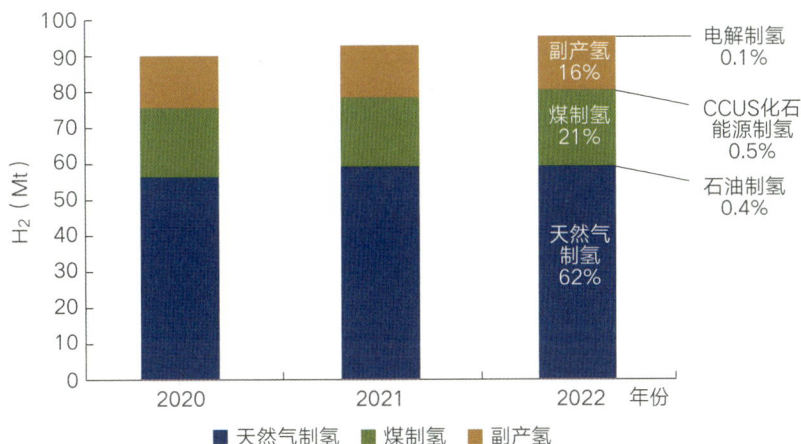

图 2-1　2020—2022 年全球氢气生产方式占比

中国占全球氢产量的近 40%，是世界上最大氢气生产国。美国在 2022 年公布未来将建立 9GW 的电解制氢项目；西班牙、丹麦、德国和荷兰电解制氢产量占欧洲电解制氢产量约 55%；澳大利亚在 2030 年电解制氢产量可达约 600 万 t，其中大部分用于出口；拉丁美洲在 2030 年电解制氢产量可达约 600 万 t，其中智利、巴西和阿根廷产量最大；非洲 2030 年电解制氢产量将达到 200 万 t。

2　氢能需求

2022 年，全球氢气使用量达到近 9500 万 t，其中，中国、北美、中东、印度、欧洲和其他地区的氢气使用量占全球氢气使用量的比例分别为 29%、17%、13%、9%、8% 和 24%。

2022 年，全球炼油用氢量超过 4100 万 t，为 2018 年以来的历史最高水平；全球工业用氢量达 5300 万 t，其中 60% 用于氨生产（3180 万 t），30% 用于甲醇生产（1590 万 t），10% 用于钢铁生产（530 万 t）；全球道路交通用氢量超过 3.2 万 t，同比增长约 45%，其中 34% 用于乘用车（1.1 万 t），44% 用于公共交通（1.4 万 t），22% 用于商用车（0.7 万 t）。

根据国际能源署的净零排放报告，未来十年，用氢量将按 6% 的速度逐年递增。这意味着到 2030 年，全球用氢量将超过 1.5 亿 t，其中近 40% 来自低碳新应用。2030 年，全球 10600 万 t 氢用于工业，1600 万 t 氢用于交通，2200 万 t 氢用于发电，600 万 t 氢用于其他行业，如建筑、生物燃料升级等。全球氢产量、消费量预测见表 2-1。

表 2-1 全球氢产量、消费量预测

氢气量 \ 年份	2030	2035	2050
低碳氢产量（100 万 t）	70	150	420
电解制氢	51	116	327
CCUS 化石能源	18	34	89
氢消费量（100 万 t）	150	215	430
工业	106	118	149
交通	16	40	193
发电	22	48	74
其他	6	10	14

2.2.2 中国氢能供给与需求分析

1 氢能供给

我国是世界上最大的制氢国，以灰氢为主，绿氢占比较低。2022 年我国氢气产能约为 4882 万 t，同比增长约 1.2%，产量为 3533 万 t，同比增长 1.9%。其中，煤制氢产量约 1985 万 t，占比 56.2%；天然气制氢约 750 万 t，占比 21.2%；工业副产氢产量约为 712 万 t，占比 20.2%。为了实现氢的清洁化和低碳化，我国正在加快发展可再生能源制氢。目前已有 237 个制氢项目，其中建成运营项目达到 37 个，合计可再生氢产能约 5.6 万 t/ 年。中国氢能联盟预测，2030 年我国氢气产量预期将超过 5000 万 t。

2 氢能需求

我国是世界上最大的氢消费国，据国际能源署统计，2022 年我国的用氢量约为 2850 万 t，同比增长 5%。氢气作为一种工业原料，可广泛应用于石油、化工、冶金等领域。其中，合成甲醇、合成氨领域的氢能消费量占细分领域前两位，分别为 988 万 t 和 973 万 t，分别同比增长 1.6% 和 1.8%；炼化和现代煤化工行业的氢气消费量共计约 890 万 t。交通领域仍处于小规模示范阶段，占比小于 0.1%。中国氢能联盟预测，2030 年我国氢气需求量将达到 3715 万 t；到 2060 年，氢气的年需求量将达到 1.3 亿 t，其中，工业领域用氢约 7794 万 t，占氢总需求量的 60%，交通运输领域预计达 4000 万 t，占比约 31%。

Chapter 3

国内外电力氢能领域技术发展与示范工程布局

3.1   国内外电力氢能领域技术发展

本节围绕电力氢能领域创新链的氢能制取、储存、利用、与电力耦合等关键环节，选择电解制氢、储氢、电力用氢、电氢耦合四个不同技术方向，细分 14 项技术主题作为技术进展分析的分类标准，以揭示各国电力氢能领域的技术进展，电力氢能领域技术分类总述见表 3-1。

表 3-1   电力氢能领域技术分类总述

技术方向	技术主题
电解制氢	质子交换膜电解制氢
	固体氧化物电解制氢
	阴离子交换膜电解制氢
储氢	低温液态储氢
	金属固态储氢
	有机液体储氢
	地质储氢
电力用氢	质子交换膜燃料电池
	固体氧化物燃料电池
	热电联产
	氢燃气轮机
电氢耦合	Power-to-X
	风光制氢
	氢能与电网互动

3.1.1   美国电力氢能领域技术发展

1   美国氢能技术项目资助情况

美国对氢能的重视程度及支持力度逐年加大，从 2018 年的 1306 万美元（0.93 亿元人民币）增加至 2023 年的 71 亿美元（507.03 亿元人民币）。

2023年，美国侧重于开展氢能创新技术研究及加速中型和重型货运汽车脱碳，氢能技术研发资助重点在新型清洁氢制取方法（光化学制氢、热化学制氢）、氢泄漏监测传感器及量化方法、地质储氢、燃料电池和电解槽废料的高效回收和再利用技术、低温可逆燃料电池技术、氢能基础设施建设等方面。美国氢能技术项目资助如图3-1所示。

图 3-1 美国氢能技术项目资助

2 美国氢能技术研发重点

2023年，美国在氢能领域项目研发主要集中在电解制氢技术及电力用氢技术，占氢能领域项目总数比例超过80%，美国氢能各领域占总项目数量比例如图3-2所示。

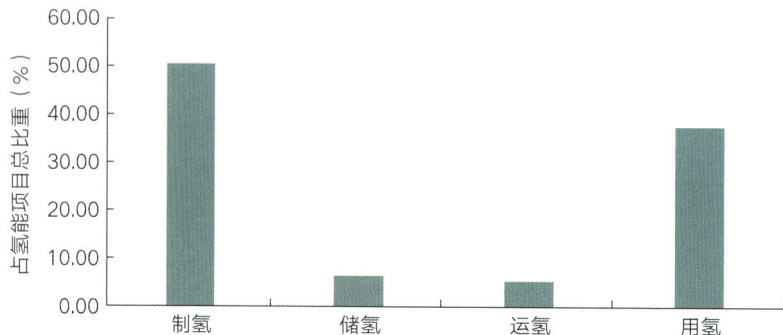

图 3-2 美国氢能各领域占总项目数量比例

制氢技术方面，美国 2018—2020 年均布局了质子交换膜电解制氢技术，从 2019 年开始关注固体氧化物电解制氢技术，布局了低成本、耐用的碱性、阴离子交换膜电解槽电极材料研究。2023 年，美国重点布局了光电化学和太阳能热化学水分解制氢技术、地质氢制取及提取技术、甲烷热解制氢技术。

电力用氢技术方面，美国 2018—2022 年均布局了质子交换膜燃料电池技术和固体氧化物燃料电池技术，在 2021—2022 年，开始关注氢燃气轮机、热电联产技术研发。2023 年，重点关注了氢气泄漏监测，布局了燃料电池重型汽车应用的热管理技术、氢设备回收再利用技术及设备质量监测控制方法、氢气泄漏传感器及监测仪技术等。

2023 年，除了制氢、用氢外，美国重点布局了储氢和输氢技术，特别关注地质储氢、低温液态输氢和管道输氢技术。美国氢能技术项目见表 3-2。

表 3-2 美国氢能技术项目

技术领域	布局方向	研究重点	项目数	占氢能项目比重
制氢	碱性电解制氢	开发用于非纯水操作的电解槽、电解槽用碱性交换膜	21	22.58%
	质子交换膜电解制氢	开发专有的聚合物膜系统、具有分层结构的碳分子筛膜	3	3.23%
	固体氧化物电解制氢	开发快速高容量的可逆氧吸附剂，使模块化生物质转化为氢气的氧集成装置成为可能	6	6.45%
	电化学及热化学分解水制氢	开发用于太阳能热化学制氢的钙钛矿、光电化学氢气发生器、用于光电化学制氢的器件	12	12.90%
	地质取氢	探究从地下矿床中制氢及提取的技术	2	2.15%
	甲烷热解制氢	开发一种不产生二氧化碳作为副产品的甲烷热解方法来生产氢气	3	3.23%
储氢	有机液态储氢	研发基于甲酸的氢能生产和分配系统	1	1.08%
	金属固态储氢	研发支持现场氢气基础设施的金属氢化物储氢材料	1	1.08%
	地质储氢	评估、开发和研究氢气的地下储存潜力和技术	4	4.30%
输氢	低温液态输氢	研发液态氢燃料和输送组件	3	3.23%
	管道输氢	在天然气管道系统内实现氢气安全高效运输的技术	2	2.15%

续表

技术领域	布局方向	研究重点	项目数	占氢能项目比重
电力用氢	可逆燃料电池	开发用于低温可逆燃料电池的多孔传输层、可逆燃料电池高通量催化剂	2	2.15%
	燃料电池	开发燃料电池重型汽车应用的热管理技术、燃料电池汽车气态氢燃料快速响应流量控制阀、质子交换膜燃料电池高性能催化剂、燃料电池和电解槽回收再利用技术、燃料电池和电解槽制造质量监测控制方法	25	26.88%
	氢气泄漏监测	开发用于量化排放的氢气监测仪、用于实时 / 累积泄漏检测和量化的传感器	8	8.60%

3.1.2 德国电力氢能领域技术发展

1 德国氢能技术项目资助情况

　　欧盟通过欧盟科研框架计划"欧洲地平线"对德国氢能研发提供资助，2023 年德国在氢能方面布局了氢气制取、交通工业燃料、供热和管网基础设施建设等领域。德国氢能技术项目资助如图 3-3 所示。

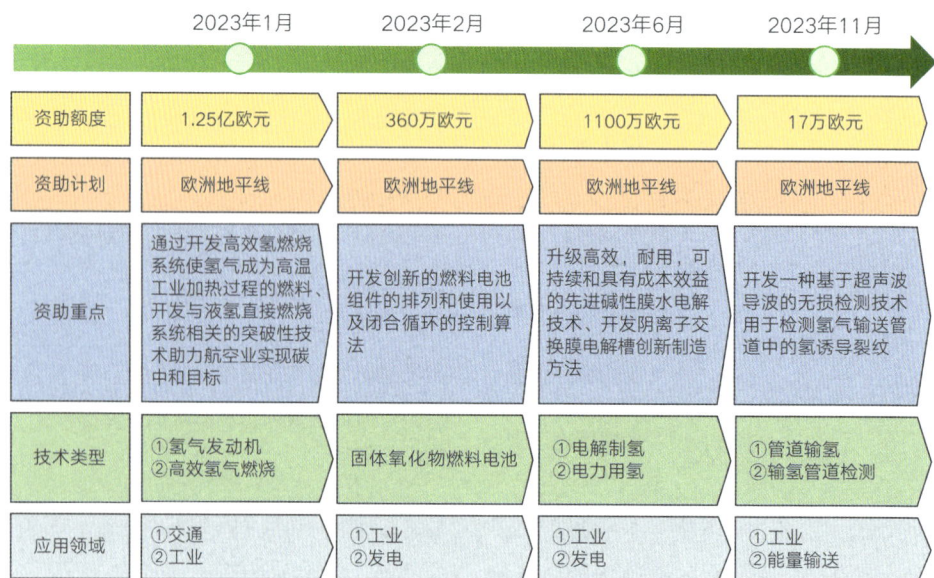

图 3-3　德国氢能技术项目资助

2 德国氢能技术研发重点

相比之前，2023 年德国在氢能领域的项目开发主要集中在航空及工业领域脱碳的电力用氢技术，占氢能领域项目总数比例超过 50%，德国氢能各领域占总项目数比例如图 3-4 所示。

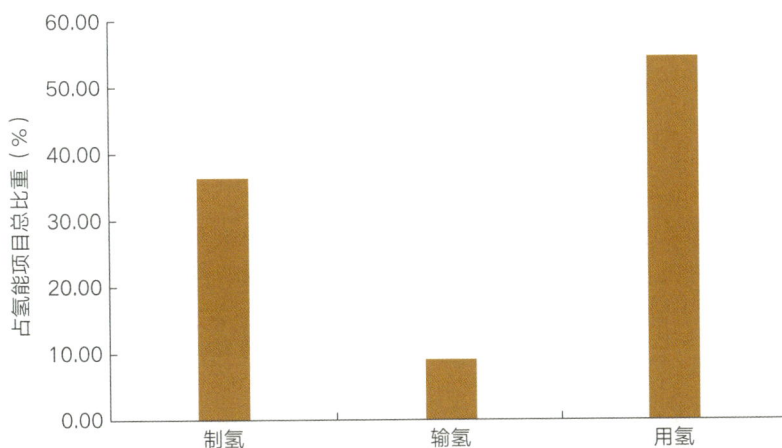

图 3-4 德国氢能各领域占总项目数比例

制氢技术方面，德国 2019—2022 年连续四年布局了固体氧化物电解制氢技术，2020 年开展了低成本、耐用的碱性、阴离子交换膜电解槽电极材料研发，2023 年开展了具有成本效益的太阳能热化学制氢方法研究，并未布局质子交换膜电解制氢技术研究。

储氢技术方面，德国在 2018—2020 年关注低温液态储氢技术和金属固态储氢材料研发，在 2021 年、2022 年分别关注地下盐穴储氢、有机液体储氢技术。2023 年德国未布局储氢技术研究。

输氢技术方面，2023 年德国关注检测输氢管道的氢诱导裂纹技术，以定位和定量检测输氢管道缺陷。

电力用氢技术方面，德国 2018—2021 年连续四年布局了质子交换膜燃料电池技术和固体氧化物燃料电池技术，在 2021 年开展了热电联产技术研发，2021—2022 年关注氢燃气轮机技术，2023 年重点关注氢气发动机技术。

2023 年，德国重点布局航空氢气发动机、工业高效氢燃烧系统、固体氧化物燃料电池组件排列和使用以及闭合循环控制算法。德国氢能技术项目见表 3-3。

表 3-3　德国氢能技术项目

技术领域	布局方向	研究重点	项目数	占氢能项目比重
制氢	碱性电解制氢	开发一种高效、耐用、可持续和具有成本效益的先进碱性膜水电解技术以生产经济的绿氢	2	18.19%
	阴离子交换膜电解制氢	开发一种氢电解槽的新制造方法，实现高质量、循环性稳定、低成本、高效率和可扩展性生产	1	9.09%
	太阳能热化学制氢	开发一种基于两步水分解循环的高效且具有成本效益的制氢方法，通过灵活的太阳能混合热化学——二氧化硫去极化电解循环实现高效水分解	1	9.09%
储氢	管道输氢	开发一种基于超声波导波的无损检测技术，以检测输氢管道的氢诱导裂纹	1	9.09%
电力用氢	氢气发动机	开发与液氢直接燃烧系统相关的突破性技术，并集成到航空发动机上进行地面测试，开发能够灵活利用各种可持续生产的燃料（包括纯氢）的飞机发动机	4	36.36%
	工业用氢	通过开发高效氢燃烧系统，将氢气作为冶金等高温工业加热过程的燃料	1	9.09%
	固体氧化物燃料电池	开发用于高温燃料电池（包含固体氧化物电池）的创新型组件排列和使用以及闭合循环的控制算法，实现氢燃料的高效利用	1	9.09%

3.1.3　日本电力氢能领域技术发展

1　日本氢能技术项目资助情况

日本新能源产业技术综合开发机构（new energy and industrial technology development organization，NEDO）对氢能资助金额逐年增加，从 2018 年的 151 亿日元（7.46 亿元人民币）增加到 2022 年 1935 亿日元（95.59 亿元人民币），2023 年日本政府持续增加对氢能的投资。日本新的氢能战略修订后，预计投资将达到 15 万亿日元（0.74 万亿元人民币），用于氢燃料电池、氢合成燃料及大规模氢气供应链等，关注氢能在交通、工业、发电等领域的应用。2023 年日本经济产业省（ministry of economy, trade and industry，METI）将投资 306 亿日元（15.12 亿元人民币）用于电动飞机燃料电池系统的研发，旨在减少航空业二氧化碳的排放。日本氢能技术项目资助如图 3-5 所示。

图 3-5　日本氢能技术项目资助

2　日本氢能技术研发重点

2023 年，日本在氢能领域的项目研发依旧集中在电力用氢技术，占项目总数比例超过 60%，日本氢能各领域占总项目数量比例如图 3-6 所示。

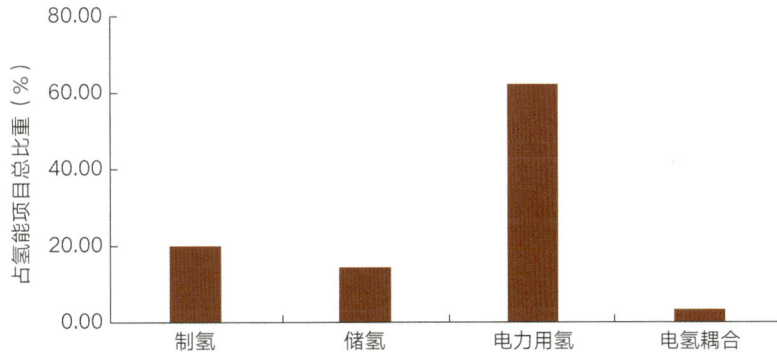

图 3-6　日本氢能各领域占总项目数量比例

电解制氢技术方面，日本在 2018 年开展了质子交换膜电解制氢技术、固体氧化物电解制氢技术研发，2023 年主要关注质子交换膜电解制氢技术研究，包括膜电极及催化剂的研发等。

电力用氢技术方面，日本 2018—2022 年连续五年布局了质子交换膜燃料电池技术、固体氧化物燃料电池技术和氢燃气轮机技术。2023 年，日本主要关注质子交换膜燃料电池技术，其项目部署超过 30 项，主要关注催化剂设计开发、纳米复合薄膜的研究等。

2023 年，除了制氢、用氢，日本还布局了液体、固态储氢和电氢耦合领域。日本氢能技术项目见表 3-4。

表 3-4　日本氢能技术项目

技术领域	布局方向	研究重点	项目数	占氢能项目比重
制氢	碱性电解制氢	膜电极材料研发、系统研发、电解装置及分离器设计、绿色化工厂示范	5	5.56%
	质子交换膜电解制氢	阳极催化剂研发、中温质子传导膜开发、宽温度范围电解质膜研发	8	8.89%
	阴离子交换膜电解制氢	膜电极材料开发、阴离子交换膜材料研发、低成本高性能电解水装置研发	3	3.33%
	固体氧化物电解制氢	催化剂研究、高温水蒸气电解技术研究	2	2.22%
输氢	低温液态储氢	液态储罐高分子混合材料研究、基础流体力学研究、储运设备开发、阀门设计等	10	11.11%
	金属固态储氢	非铂催化剂研究、新铂系纳米片催化剂研究	3	3.33%
电力用氢	质子交换膜燃料电池	催化剂设计研发、系统开发、密封技术研发、分离器制造工艺研究、纳米复合薄膜研究、适应宽温湿度范围的材料研究	33	36.67%
	固体氧化物燃料电池	可逆燃料电池研发、稳定性及可逆性的提高、能源管理技术、可再生能源导入技术	10	11.11%
	氢热电联产	多功能供电技术研发、氢能工业热利用技术研究、综合减排实证研究	2	2.22%
	氢发动机	氢发动机设备研究、氢燃烧技术研究	2	2.22%
	氢发电	氢混烧发电技术验证、无二氧化碳实证研究、锅炉设备开发、高温燃气涡轮发电设备研究、氢燃气轮机发电共性基础技术研发	7	7.78%
	氢燃气轮机	高温燃气涡轮发电设备研究、公用基础技术研究开发	2	2.22%
电氢耦合	Power-to-X	能源需求转换利用技术开发	2	2.22%
	风光互补制氢	电解水基础设施建设	1	1.11%

3.1.4　中国电力氢能领域技术发展

本报告统计了 2023 年我国重点开展的氢能项目，并与 2023 年之前的氢能项目进行了对比，其中氢能项目数据来源于 2018—2020 年"可再生能源与氢能技术"国家重点专项及 2021—2023 年"氢能技术"国家重点专项。我国氢能技术布局研发情况如图 3-7 所示，由图 3-7 统计分析可知，自 2018

年起我国逐步加大了对氢能技术的研发力度，其中大部分项目分布在电力用氢和电解制氢方向，重点关注的技术主题为质子交换膜氢燃料电池。2023 年我国继续对电力制氢、储氢、用氢和电氢耦合领域进行了全方位布局研究，并开始关注阴离子交换膜电解制氢、电解海水制氢、地质储氢、煤掺氢 / 氨燃烧、用户侧燃料电池微网集成与主动支撑电网关键技术研究。

	2018年	2019年	2020年	2021年	2022年	2023年
技术来源	"可再生能源与氢能技术"重点专项	"可再生能源与氢能技术"重点专项	"可再生能源与氢能技术"重点专项	"氢能技术"重点专项	"氢能技术"重点专项	"氢能技术"重点专项
技术类型	①电力用氢②电氢耦合	①储氢②电力用氢	①储氢②电力用氢③电氢耦合	①电解制氢②储氢③电力用氢④电氢耦合	①电解制氢②储氢③电力用氢④电氢耦合	①电解制氢②储氢③电力用氢④电氢耦合
研究重点	质子交换膜和固体氧化物燃料电池，风光制氢	低温液态储氢，质子交换膜燃料电池	低温液态储氢，质子交换膜燃料电池、热电联产、氢能与电网互动	质子交换膜电解制氢、低温液态储氢、燃料电池、热电联产、风光制氢、Power-to-X	质子交换膜和固体氧化物电解制氢、低温液态和金属固态储氢、燃料电池、热电联产、Power-to-X	质子交换膜和阴离子交换膜电解制氢、直接电解海水制氢、液态、固态和地质储氢、质子交换膜燃料电池、煤掺氢/氨燃烧、微网系统
应用领域	发电	①发电②交通	①发电②交通	①发电②交通③建筑	①发电②交通③工业	①发电②交通③工业④建筑

图 3-7 我国氢能技术布局研发情况

2023 年，我国在氢能领域的重点项目研发主要集中在用氢技术领域，该领域的项目数占比为 40%，我国氢能各领域项目占总项目的比例如图 3-8 所示。

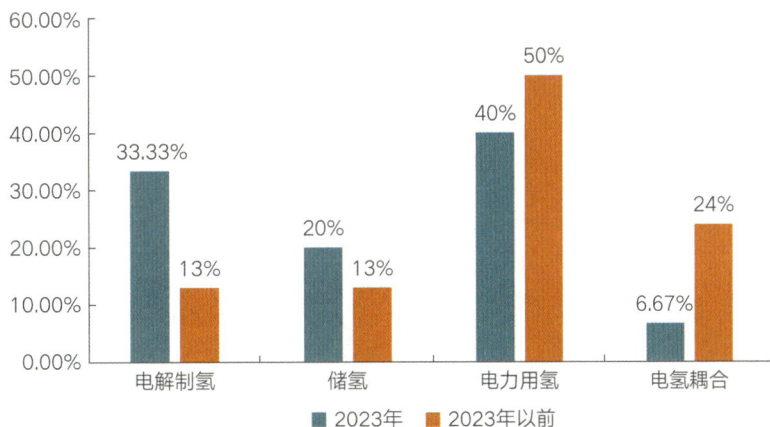

图 3-8 我国氢能各领域项目占总项目的比例

1 电解制氢技术进展

2023 年，我国在电解制氢方面的技术进展见表 3-5，在技术类别上可分为以下四部分：

质子交换膜电解制氢技术进展：主要关注碱性—质子交换膜混合制氢系统关键技术、直接加注型高压质子交换膜电解制氢电解堆技术。

固体氧化物电解制氢技术进展：在固体氧化物电解制氢技术方面主要关注热化学循环直接分解水制氢前沿技术。

阴离子交换膜电解制氢技术进展：我国于 2023 年首次布局阴离子交换膜电解制氢技术，主要关注阴离子交换膜电解制氢的电解堆技术。

直接电解海水制氢技术进展：我国于 2023 年首次布局直接电解海水制氢技术，主要关注电解海水制氢电解堆及系统关键技术。

表 3-5　电解制氢技术进展

序号	技术类别	研究重点	研究内容	技术指标
1	质子交换膜电解制氢	十兆瓦级碱性—质子交换膜混合制氢系统关键技术与示范	针对大规模可再生能源制氢应用面临的成本、可靠性及规模等问题，开展适应宽功率波动的低成本、高可靠、大容量混合电解水制氢系统关键技术研究与示范应用	制氢规模 $\geq 500m^3/h$，PEM 制氢容量占比 $\geq 20\%$，额定能耗 $\leq 5.0kWh/m^3$，运行范围 20%～150%，全范围爬坡时间 $\leq 20s$； 示范应用：规模 $\geq 2000m^3/h$，运行温度不低于 $-30\sim35\,^\circ\mathrm{C}$，冷启动时间 $\leq 30min$，运行 2000h 后系统能耗增加低于 2%
2		直接加注型高压质子交换膜电解制氢电解堆技术	针对加氢站内电解水制氢加氢一体化的应用需求，开展可直接向车载储氢装置加注氢气的高压质子交换膜电解堆关键技术研究	PEM 电解堆额定输入功率 $\geq 1kW$，产气压力 $\geq 35MPa$，压差耐受 $\geq 3MPa$，在 $60\,^\circ\mathrm{C}$、2.0V 电压下的电流密度 $\geq 1.0A/cm^2$，电解堆运行 1000h 后，氧气中氢含量 $\leq 2\%$
3	固体氧化物电解制氢	热化学循环直接分解水制氢前沿技术	针对热化学金属氧化物循环直接分解水技术发展中存在的反应温度过高、效率低、稳定性差等问题，开展热化学金属氧化物循环直接分解水制氢技术前沿研究与试验验证	试验系统的热化学循环温度 $\leq 1300\,^\circ\mathrm{C}$，反应器吸热功率 $\geq 5kW$，稳定运行 $\geq 500h$，热化学循环直接分解水制氢效率 $\geq 5.5\%$

续表

序号	技术类别	研究重点	研究内容	技术指标
4	阴离子交换膜电解制氢	阴离子交换膜电解水制氢电解堆技术	针对可再生能源制氢对提高效率和波动适应性、降低成本等需求，开展高效、高稳定性电解水制氢阴离子交换膜电解堆技术研究	AEM电解堆额定功率 ≥50kW，能耗≤4.5kWh/m³，范围为20%~120%，运行1000h后电压衰减率≤10%；阴离子交换膜电导率≥160mS/cm，抗拉伸强度≥50MPa，纵横向溶胀率≤10%；在电流密度0.5A/cm²处的电极电解电压≤1.7V，且运行1000h后电压衰减率≤10%
5	直接电解海水制氢	直接电解海水制氢电解堆及系统关键技术	针对海上可再生能源制氢面临的海水淡化再制氢系统复杂、流程长、维护难等问题，开展可直接电解海水制氢的电解堆及系统关键技术研究	海水电解功率≥100kW，电流密度≥0.4A/cm²，直流电耗≤4.3kWh/m³，连续运行≥2000h、启停≥100次后电压衰减率≤3%，溶出金属离子浓度≤80ppm，20kW运行4h后氧中氢含量维持在2%以下；阳极催化剂氧氯选择性≥99.8%、0.4A/cm²处的过电位≤300mV；阴极催化剂在0.4A/cm²处的过电位≤150mV，阴阳极催化剂载量不超过3mg/m²

2　储氢技术进展

2023年，我国在储氢方面的技术进展见表3-6，在技术类别上可分为以下三部分：

低温液态储氢技术进展：主要关注液氢储供加用技术与交通枢纽示范。

金属固态储氢技术进展：主要关注高密度、大容量和快速响应固态储氢装置设计及系统能量综合利用技术。

地质储氢技术进展：我国于2023年首次布局地质储氢技术，主要关注基于地质条件的大规模储氢关键技术及试验验证。

表 3-6　储氢技术进展

序号	技术类别	研究重点	研究内容	技术指标
1	低温液态储氢	液氢储供加注用技术研究与交通枢纽示范	针对重载交通所面临的氢气加注量大幅增加的问题，开展液氢制储加技术及载运装备液氢系统的研发和应用示范	氢气液化产能 ≥10t/d，氢液化能耗 ≤10kWh/kgH$_2$，运行 10000h 后故障停车次数 ≤ 2 次；交通枢纽内液氢燃料电池重载车辆 ≥ 20 台，液氢瓶内胆所占的容积比 ≥65%、内胆可储液氢的容量 ≥80kg；车载液氢瓶系统质量储氢密度 ≥9%、最大供氢流量 ≥ 5g/s；交通枢纽内建成液氢加氢站 ≥ 1 座、日加氢能力 ≥ 4t，其中液氢加注机峰值加氢流量 ≥ 8kg H$_2$/min
2	金属固态储氢	高密度、大容量和快速响应固态储氢装置技术	针对固定式发电装置的大容量、高密度和快响应的储氢、供氢需求，开展高效固体储氢装置设计和系统能量综合利用技术研究	储氢量 ≥100kg，储能密度 ≥ 1.5MJ/kg；吸氢压力 ≤ 5MPa，吸氢温度 ≤ 30℃，瞬时吸氢速率最大值 ≥ 6.0kg H$_2$/min，稳定吸氢速率 ≥1.5kg H$_2$/min；放氢压力 ≥ 0.2MPa，放氢温度 ≤ 70℃，供氢纯度 ≥ 99.99%，瞬时供氢速率最大值 ≥ 2.0kg H$_2$/min，稳定供氢速率 ≥ 1.0kg H$_2$/min；经 3000 次吸 / 放氢循环后储氢容量保持率 ≥90%；系统在温度 ≥ 60℃条件下供热储氢能耗 <17MJ/kg。传热量预测与实验结果误差 ≤ 10%，吸 / 放氢速率预测与实验结果误差 ≤ 10%，供氢量和供热量预测偏差 ≤ 10%
3	地质储氢	基于地质条件的大规模储氢关键技术及试验验证	针对未来超大规模氢存储所面临的成本、空间、安全等问题，开展利用盐穴、矿洞、气田等地下空间的地质储氢技术的探索性研究和试验验证	提出适于构建储氢洞室的地质条件筛选和安全评价方法；所建成的储氢验证平台水容积 ≥1 万 m^3、储氢压力 ≥ 10MPa、氢气日泄漏率 ≤ 0.5%，储释氢循环 500 次后的泄漏率增加量 ≤ 10%，井下材料腐蚀速率 ≤ 0.18mm/ 年（20MPa，40℃）

3　电力用氢技术进展

2023 年，我国在电力用氢方面的技术进展见表 3-7，在技术类别上可分为以下两部分：

质子交换膜燃料电池技术进展：主要关注电堆单元伏安性能设计仿真软

件、跨温区质子交换膜燃料电池界面过程与材料基础技术、高温质子交换膜燃料电池电堆关键技术。

热电联产技术进展：主要关注煤掺氢／氨清洁高效燃烧关键技术、单套兆瓦级质子交换膜燃料电池热电联供系统设计与集成、燃料电池与涡轮混合循环发电系统技术。

表 3-7　电力用氢技术进展

序号	技术类别	研究重点	研究内容	技术指标
1	质子交换膜燃料电池	质子交换膜燃料电池电堆单元伏安性能设计仿真软件研发	针对燃料电池电堆正向开发中对多层级、多功能、高可靠的设计仿真工具的需求，开发能高效运行的全自主燃料电池电堆单元设计仿真软件	平均孔径、孔径分布、有效活化面积的仿真结果相比测试偏差 ≤ 5%，预测电极性能偏差 ≤ 10mV，并行效率比 MPI 并行提升 ≥ 20%；所适配算法比 3 维模型算法的计算效率提升 ≥ 30%，仿真偏差 ≤ 10mV，动态性能预测偏差 ≤ 7%，电极平均应力预测偏差 ≤ 7%，有效传输系数预测偏差 ≤ 6%，性能预测偏差 ≤ 10mV，可靠性参数预测偏差 ≤ 10%
2		跨温区质子交换膜燃料电池界面过程与材料基础技术研究	针对质子交换膜燃料电池对低铂、高效和跨温区运行的发展需求，基于微观能质传递机理和衰减机理开展高性能、长寿命低铂膜电极制备技术研究	超低铂膜电极验证电推功率 ≥ 2kW，膜电极铂载量 ≤ 0.05mg/cm²，铂用量 ≤ 0.1mg/W；低铂膜电极铂载量 ≤ 0.1mg/cm²，在 0.5A/cm² 处的电压 ≥ 0.80V、在 2A/cm² 处的电压 ≥ 0.70V，低铂膜电极在 65～105℃温度区间 30000 次循环后活性衰减 ≤ 10%、5000 次启停后活性衰减 ≤ 10%、2000h 的性能衰减 ≤ 2%；最高工作温度 ≥ 105℃（持续 60min），可 -40℃低温启动；主要参数与实验数据偏差 ≤ 10%
3		高温质子交换膜燃料电池电堆关键技术研究	针对以工业副产氢、裂解氢为燃料的质子交换膜燃料电池电站或家用燃料电池热电联供应用系统面临的电池效率低、运行寿命短、关键材料有待技术突破等问题，开展高温质子交换膜燃料电池电堆关键材料和结构设计、电堆集成关键技术研究	质子交换膜燃料电池系统输出功率 ≥ 5kW，高温膜在 120～220℃范围的电导率 ≥ 100mS/cm，电导率 1000h 衰减 ≤ 10%，氧还原活性半波电位 ≥ 0.85V；膜电极中催化剂贵金属载量 ≤ 1mg/cm²；在 0.65V 下电流密度达到 1A/cm²，运行 1000h，衰减 ≤ 10%；在 ≥ 120℃工作温度和 ≥ 20ppm CO 含量的氢气供给下，样机稳定运行 2h

续表

序号	技术类别	研究重点	研究内容	技术指标
4	热电联产	煤掺氢/氨清洁高效燃烧关键技术研究	针对我国发电主体深度减碳、清洁供能的发展需求，开展含碳燃料与氢、氨等富氢燃料掺烧的清洁高效燃烧关键技术研究	兆瓦级掺氢/氨气固两相燃烧器运行时长 $\geq 1000h$，热负荷 $\geq 1MW$；30MW级掺氢/氨气固两相燃烧器热负荷 $\geq 30MW$，氢/氨掺烧比例 $\geq 25\%$，NO_x 转化率 $\leq 0.5\%$；完成蒸发量 600t/h 等级以上燃煤锅炉工程验证，实现掺氨比例 $5\% \sim 20\%$ 连续可调，NO_x 转化率 $\leq 0.5\%$，NO_x 排放低于 50mg/Nm^3，烟气氨逃逸浓度 $\leq 3ppm$，锅炉效率 $\geq 91\%$，20%掺氨工况下运行时长 $>168h$；所建立掺氢/氨燃煤燃烧生成 CO、NO_x 模型的预测误差 $\leq 20\%$
5		单套兆瓦级质子交换膜燃料电池热电联供系统设计与集成	针对固定式发电领域面向社区和工厂高效热电联供的应用需求，开展高效率、高可靠、快速变载、热电比宽范围调节的燃料电池热电联供系统集成与控制技术研究	单套热电联供系统发电功率 $\geq 1MW$，发电效率 $\geq 53\%$，综合效率 $\geq 95\%$，年产能 ≥ 200 台，系统寿命 $\geq 40000h$，最高工作温度 $\geq 95℃$，支持 $-30℃$ 低温启动，最低稳定输出功率 $\leq 100kW$，系统启动至最低输出功率点时间 $\leq 10s$；$10\% \sim 200\%$ 负荷响应时间 $\leq 60s$，输出电压波形失真率 $\leq 3\%$，偏差 $\leq 2\%$，频率偏差 $\leq 1\%$
6		燃料电池与涡轮混合循环发电系统技术研究	针对分布式供能与重型交通载运装备动力系统对清洁、高效、灵活发电技术的需求，开展燃料电池—涡轮混合循环发电系统技术方案设计、关键部件研发及系统集成技术研究	发电系统性能仿真结果与实验结果偏差 $\leq 10\%$；系统额定发电功率 $\geq 100kW$，额定发电效率 $\geq 55\%$，最高发电效率 $\geq 60\%$，$0\% \sim 60\%$ 负荷响应时间 $\leq 3min$

4 电氢耦合技术进展

　　氢能与电网互动技术进展：2023年，我国在电氢耦合方面的技术进展见表3-8，主要在氢能与电网互动技术方面。其在氢能与电网互动技术方面的研究重点为用户侧燃料电池微网集成与主动支撑电网关键技术。

表 3-8 我国在电氢耦合方面的技术进展

技术类别	研究重点	研究内容	技术指标
氢能与电网互动技术	用户侧燃料电池微网集成与主动支撑电网关键技术研究	针对微电网应用中燃料电池所面临的多机协同、效能提升等问题，开展微网中燃料电池系统集成与控制关键技术研究	电能变换器综合电效率 ≥ 96%；多能互动模型与分析工具系统规模 ≥ 1000 个节点；控制系统响应时间 ≤ 1s。完成总装机容量 ≥ 2MW 的燃料电池热电联供系统示范工程组网方案设计及控制软件包；额定功率下，发电耗氢量 ≤ 0.06kg/kWh，系统效率 ≥ 85%，响应时间 ≤ 10s，运行时间 ≥ 2000h 后燃料电池额定功率平均衰减 ≤ 1%、衰减比例最大偏差 ≤ ±10%；氢气泄漏检出响应时间 ≤ 0.5s，氢安全故障隔离时间 ≤ 5s

3.1.5 特点与趋势分析

在应对气候变化、促进能源转型、保障能源安全背景下，全球各国持续加大对氢能的支持程度。美国、德国、日本、中国对氢能的投资逐年增加，且增幅巨大，如美国对氢能的投入从 2018 年的 1306 万美金增加至 2023 年的 71 亿美金。各国对于氢能的技术布局涉及氢能全产业链与基础设施，但各有侧重。

随着技术进步，未来绿氢成本将与灰氢成本相当，电制氢经济优势将逐渐显现。随着可再生能源发电成本的下降，绿氢相关技术的快速发展和电解槽供应链的逐步完善，根据国际氢能理事会预测，预计到 2030 年，绿氢的成本将大幅下降，部分优质资源区接近商业化水平；到 2050 年，绿氢整体平均成本与灰氢（煤炭、石油、天然气等化石燃料燃烧制氢）成本相当。

氢能将与电力系统深度耦合，在电力系统中的应用场景将更加丰富。氢能全产业链相关技术的进步、制氢经济性提升将会使其在电力系统中的应用场景更加丰富、发挥更大作用。美国在制氢与燃料电池环节投入最多，德国更注重氢燃气轮机技术研发，日本更关注燃料电池热电联供应用，我国则更聚焦波动性制氢与电氢耦合技术。制氢、用氢两个环节与电力系统耦合最为紧密，这些技术的进步与应用将在新能源消纳、灵活性支撑、长周期电力电量平衡、惯量支撑、综合能源利用效率提升等方面为新型电力系统构建发挥重大作用。

3.2 国内外电力氢能领域示范工程布局

3.2.1 国际电力氢能领域示范工程布局

根据国际能源署统计，截至 2022 年底，全球运行、建设、规划的氢能工程共计 1933 项。其中，运行的氢能工程 306 项，制氢总规模约为 785MW，主要分布在欧洲，以电解水制氢为主，生产的氢气主要用于交通、工业、建筑领域。全球重要国家的氢能示范工程见表 3-9。

表 3-9 全球重要国家的氢能示范工程

区域	分布情况	工程类型	规模	技术类型	应用领域
欧洲	德国：185 项	可再生能源制氢、分布式电制氢、氢储能电站、氢热电联供	制氢约 9800MW、光伏发电约 35MW、风力发电约 1.4 万 MW、水电约 23MW	电解水制氢、氢储能、燃料电池、热电联供	交通、化工、发电、建筑
	法国：81 项	可再生能源制氢、氢储能电站、氢热电联供、分布式电制氢	制氢约 7.3 万 MW、光伏发电约 6500MW、风力发电约 2MW、水电约 20MW	电解水制氢、氢储能、燃料电池、热电联供	交通、化工、发电、建筑
	英国：79 项	可再生能源制氢、氢储能电站、氢热电联供、分布式电制氢	制氢约 2600MW、光伏发电约 21MW、风力发电约 4200MW	电解水制氢、氢储能、燃料电池、热电联供	交通、化工、发电、建筑
	西班牙：110 项	可再生能源制氢、氢储能电站、分布式电制氢、热电联供	制氢约 7.8 万 MW、光伏发电约 1.4 万 MW、风力发电约 500MW	电解水制氢、氢储能、燃料电池、热电联供	交通、化工、发电、建筑
美洲	美国：113 项	可再生能源制氢、氢储能电站、氢热电联供、分布式电制氢	制氢约 2.9 万 MW、风力发电约 360MW、光伏发电约 300MW、水电约 120MW	电解水制氢、氢储能、燃料电池、热电联供	交通、化工、发电、建筑
	加拿大：38 项	可再生能源制氢、氢储能电站、分布式电制氢、热电联供	制氢约 430MW、风力发电约 500MW、水电约 60MW	电解水制氢、氢储能、燃料电池、热电联供	交通、化工、发电、建筑
亚洲	中国：61 项	可再生能源制氢、氢储能电站、核能制氢、分布式电制氢	制氢约 1.4 万 MW、风力发电约 820MW、光伏发电约 580MW、水电约 27MW	电解水制氢、氢储能	交通、化工、发电、建筑

续表

区域	分布情况	工程类型	规模	技术类型	应用领域
亚洲	日本：28 项	可再生能源制氢、氢储能电站、分布式电制氢、热电联供	制氢约 16.3MW、风力发电约 3.2MW、光伏发电约 10MW	电解水制氢、氢储能、燃料电池、热电联供	交通、化工、发电、建筑
	韩国：11 项	可再生能源制氢、氢储能电站、核能制氢、分布式电制氢	风力发电约 1400MW	电解水制氢、氢储能	交通、化工、发电
大洋洲	澳大利亚：116 项	可再生能源制氢、氢储能电站、氢热电联供、分布式电制氢	制氢约 6.3 万 MW、风力发电约 10MW、光伏发电约 2.2 万 MW、水电约 5MW	电解水制氢、氢储能、燃料电池、热电联供	交通、化工、发电、建筑
非洲	埃及：16 项	可再生能源制氢、分布式电制氢	制氢约 1 万 MW	电解水制氢	交通、化工

项目数量方面，欧洲、美洲、亚洲运行、建设、规划的工程数量位于前三名，全球运行、建设、规划的氢能工程区域分布图如图 3-9 所示。其中欧洲运行工程 204 项、建设 86 项，到 2040 年规划 580 项；美洲运行工程 42 项、建设 27 项，到 2040 年规划 156 项；亚洲运行工程 49 项、建设 19 项，到 2040 年规划 100 项。

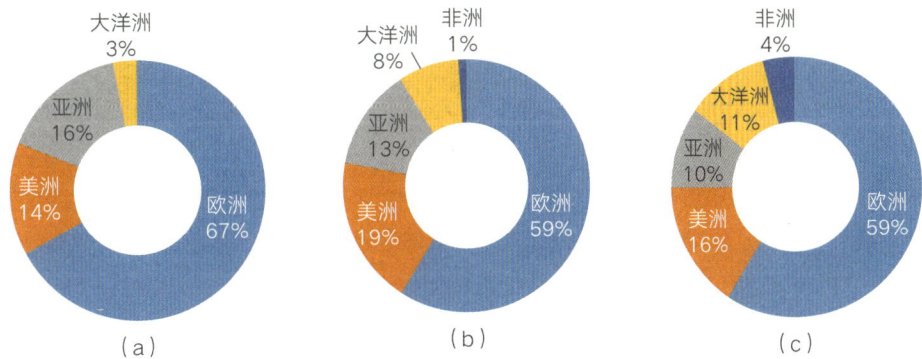

图 3-9　全球运行、建设、规划的氢能工程区域分布图
（a）全球运行氢能工程区域分布；（b）全球建设氢能工程区域分布；
（c）全球规划氢能工程区域分布

制氢规模方面，当前运行氢能工程制氢规模约 785MW，在建工程投产后制氢规模将达 2.1GW，已规划工程制氢规模将达 500GW，全球运行、建设、规划的氢能工程制氢规模如图 3-10 所示。

（a）

（b）

（c）

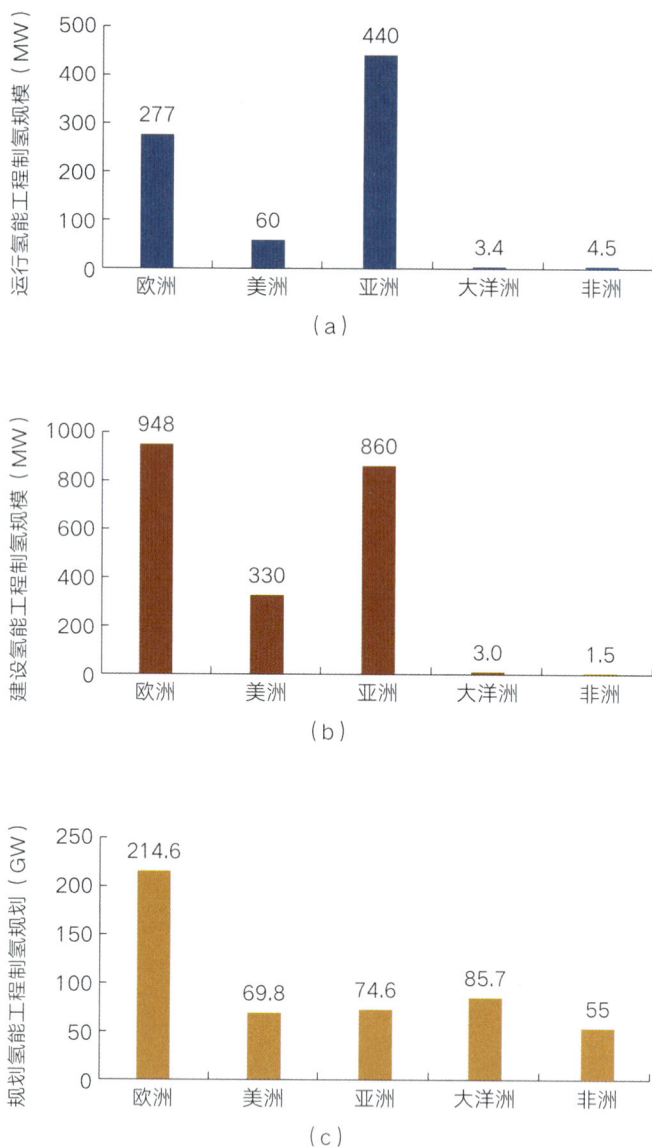

图 3-10　全球运行、建设、规划的氢能工程制氢规模
（a）运行工程；（b）建设工程；（c）规划工程

　　工程类型方面，氢能工程类型包括电解制氢、氢储能、热电联供等，其中电解制氢工程占比最大，在运行、建设、规划项目中占比均超过 60%，全球运行、建设、规划的氢能工程类型如图 3-11 所示。

　　应用领域方面，运行的氢能工程有 28% 用于工业，33% 用于交通，24% 用于发电领域，15% 用于建筑领域。未来随着绿氢的规范化发展，建设和规划电解制氢项目应用于工业领域将提高，超过交通领域，全球运行、建设、规划的氢能工程应用领域分布如图 3-12 所示。

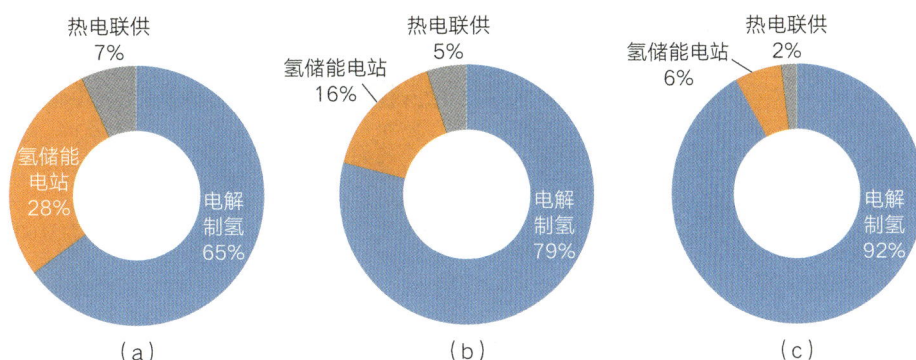

图 3-11 全球运行、建设、规划的氢能工程类型
（a）全球运行氢能工程类型；（b）全球建设氢能工程类型；（c）全球规划氢能工程类型

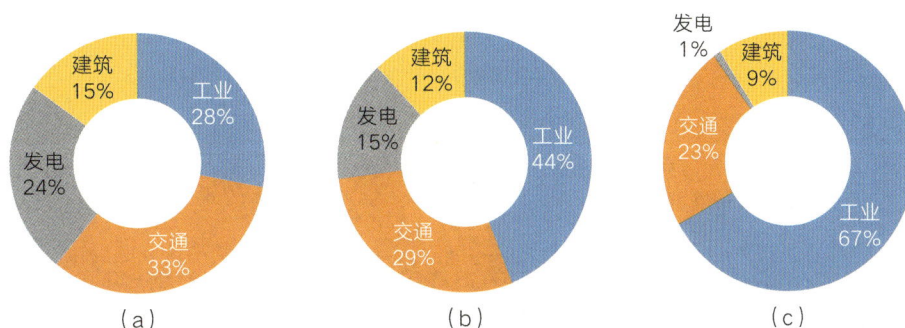

图 3-12 全球运行、建设、规划的氢能工程应用领域分布
（a）全球运行氢能工程应用领域分布；（b）全球建设氢能工程应用领域分布；
（c）全球规划氢能工程应用领域分布

3.2.2 中国电力氢能领域示范工程布局

截至 2023 年 12 月，我国运行、建设、规划的氢能示范工程有 237 项，2023 年的氢能示范工程有 54 项，占全国氢能工程的 23%，我国制氢总规模达 15.5GW。我国运行、建设、规划的氢能示范工程见表 3-10～表 3-12。

表 3-10 我国氢能示范工程（运行）

区域	分布情况	工程类型	技术类型	规模	应用场景
华北（11 项）	北京：1 项	可再生能源制氢	绿氢	风电 0.1MW 制氢 0.1MW	交通
	河北：8 项	可再生能源制氢 氢储能电站	绿氢 氢储能	光伏 108MW 风电 18.8MW 制氢 60.7MW	化工、交通、发电

续表

区域	分布情况	工程类型	技术类型	规模	应用场景
华北 （11项）	内蒙古：1项	可再生能源制氢	绿氢	光伏 400MW 制氢 67.6MW	交通、 化工
	山西：1项	可再生能源制氢	绿氢	光伏 100MW	化工
东北 （7项）	辽宁：3项	可再生能源制氢 分布式电制氢	绿氢	风电 25MW 制氢 331MW	交通
	吉林：4项	可再生能源制氢 分布式电制氢	绿氢	风电 206.6MW 光伏 7MW 制氢 13.95MW	化工、 交通
华东 （8项）	上海：2项	可再生能源制氢	绿氢	光伏 2MW	交通
	浙江：2项	氢热电联供	氢储能 热电联供	风电 27MW 制氢 0.4MW	发电 建筑
	安徽：1项	氢热电联供	氢储能 热电联供	制氢 1MW	发电 建筑
	江苏：2项	氢储能电站	氢储能 热点联供	制氢 0.01MW	发电、 交通
	山东：1项	氢储能电站	氢储能	光伏 6MW 制氢 2.25MW	发电
华中 （2项）	湖北：1项	分布式制氢	绿氢	制氢 1MW	交通
	河南：1项	可再生能源制氢	绿氢	风电 112MW 光伏 20MW 制氢 2.5MW	化工
华南 （1项）	广东：1项	氢储能电站	氢储能	—	发电、 交通
西北 （8项）	宁夏：2项	可再生能源制氢	绿氢	光伏 212MW 制氢 94.5MW	化工
	陕西：2项	可再生能源制氢 氢热电联供	绿氢 氢储能 热电联供	—	发电、 建筑
	甘肃：1项	可再生能源制氢	绿氢	光伏 15MW 制氢 27MW	化工、 交通
	青海：1项	可再生能源制氢	绿氢	光伏 5000MW 制氢 2.7MW	交通
	新疆：2项	可再生能源制氢	绿氢	光伏 1000MW 制氢 120.6MW	化工

表 3-11　我国氢能示范工程（建设）

区域	分布情况	工程类型	技术类型	规模	应用场景
华北 （36项）	河北：6项	可再生能源制氢	绿氢	风电 750MW 光伏 340MW 制氢 27.75MW	化工、交通
	山西：4项	可再生能源制氢 分布式电制氢	绿氢	风电 350MW 光伏 1156MW 制氢 134.36MW	化工、交通
	内蒙古：26项	可再生能源制氢 分布式制氢	绿氢	风电 10152MW 光伏 2900MW 制氢 4240.4MW	化工、交通
东北 （5项）	吉林：3项	可再生能源制氢 氢储能电站	绿氢 氢储能	风电 1050MW 光伏 100MW 制氢 299.65MW	发电
	辽宁：1项	可再生能源制氢	绿氢	光伏 100MW 制氢 60MW	交通
	黑龙江：1项	可再生能源制氢	绿氢	风电 200MW 制氢 6.25MW	交通
华东 （5项）	福建：1项	可再生能源制氢	绿氢	—	交通
	浙江：1项	氢储能电站	氢储能	制氢 1MW	发电
	江西：1项	可再生能源制氢	绿氢	风电 30MW	—
	山东：2项	可再生能源制氢 核能制氢	绿氢	风电 2000MW 光伏 6MW 制氢 5MW	化工
华南 （4项）	广东：2项	可再生能源制氢 分布式制氢	绿氢	风电 500MW 光伏 0.23MW 制氢 2.5MW	交通
	广西：1项	可再生能源制氢	绿氢	风电 200MW	化工
	海南：1项	氢储能电站	氢储能	风电 500MW	发电
西南 （3项）	四川：1项	可再生能源制氢	绿氢	制氢 10.7MW	交通
	云南：2项	可再生能源制氢 氢储能电站	绿氢 氢储能 热电联供	风光 2800MW 光伏 1000MW 制氢 288MW	交通、发电
西北 （17项）	新疆：7项	可再生能源制氢 分布式电制氢 氢储能电站	绿氢 氢储能	风电 400MW 光伏 2900MW 制氢 321.2MW	化工、交通、发电
	甘肃：7项	可再生能源制氢 氢储能电站	绿氢 氢储能	风电 1285MW 光伏 1305MW 制氢 347.4MW	化工、交通、发电
	宁夏：1项	可再生能源制氢	绿氢	光伏 1000MW 制氢 5MW	交通、化工
	青海：2项	可再生能源制氢	绿氢	光伏 2000MW 制氢 13MW	交通

表 3-12　我国氢能示范工程（规划）

区域	分布情况	工程类型	技术类型	规模	应用领域
华北 （72 项）	北京：2 项	可再生能源制氢	绿氢	—	交通
	天津：3 项	可再生能源制氢 分布式制氢	绿氢	风电 50MW 制氢 5.9MW	交通
	河北：36 项	可再生能源制氢 氢储能电站	绿氢 氢储能 热电联供	风电 4900MW 光伏 8240MW 制氢 1688.8MW	化工、交通、发电
	山西：5 项	可再生能源制氢	绿氢	光伏 2800MW 制氢 100MW	—
	内蒙古：26 项	可再生能源制氢 分布式制氢 氢储能电站	绿氢 氢储能 热电联供	风电 15342MW 光伏 13599MW 制氢 4630.7MW	化工、交通、发电
东北 （11 项）	吉林：5 项	可再生能源制氢	绿氢	风电 2050MW 光伏 1150MW 制氢 795.5MW	化工
	辽宁：4 项	可再生能源制氢	绿氢	风电 1500MW 光伏 714MW 制氢 193.5MW	交通、化工
	黑龙江：2 项	可再生能源制氢	绿氢	风电 500MW 光伏 500MW	工业
华东 （12 项）	安徽：1 项	可再生能源制氢	绿氢	光伏 100MW 制氢 13.5MW	交通
	山东：7 项	可再生能源制氢	绿氢	光伏 10100MW 制氢 100.18MW	交通、化工
	江苏：3 项	可再生能源制氢	绿氢 热电联供	风电 1800MW 光伏 1000MW 制氢 22.725MW	发电
	江西：1 项	可再生能源制氢	绿氢	制氢 1.73MW	交通
华中 （4 项）	河南：4 项	可再生能源制氢	绿氢	风电 1000MW 光伏 17MW 制氢 46.32MW	化工、交通
华南 （5 项）	广东：2 项	可再生能源制氢	绿氢 热电联供	光伏 76MW 制氢 12.6MW	交通、建筑
	广西：3 项	可再生能源制氢	绿氢	风电 600MW 光伏 540MW 制氢 4.5MW	化工
西南 （1 项）	云南：1 项	可再生能源制氢	绿氢	光伏 90MW 制氢 12.6MW	—

续表

区域	分布情况	工程类型	技术类型	规模	应用领域
西北 （25项）	新疆：8项	可再生能源制氢 分布式电制氢 氢储能电站	绿氢 氢储能	风电 205MW 光伏 1201MW 制氢 101.4MW	交通、化工、发电
	陕西：5项	可再生能源制氢 分布式电制氢	绿氢	风电 1506MW 光伏 1802MW 制氢 284.4MW	化工
	甘肃：6项	可再生能源制氢 氢热电联供	绿氢 氢储能 热电联供	风电 485MW 光伏 1836MW 制氢 718MW	交通、交通、发电、建筑
	宁夏：4项	可再生能源制氢	绿氢	光伏 856MW 制氢 267.1MW	交通、化工
	青海：2项	可再生能源制氢	绿氢	光伏 8MW 制氢 4.5MW	交通、化工

项目数量方面，华北、西北、华东运行、建设、规划的工程数量位于前三名，中国运行、建设、规划的氢能工程区域分布图如图 3-13 所示。华北地区运行工程 11 项、建设 36 项、规划 72 项；西北地区运行工程 8 项、建设 17 项、规划 25 项；华东地区运行工程 8 项、建设 5 项、规划 12 项；东北地区运行工程 7 项、建设 5 项、规划 11 项；华中地区运行工程 2 项、规划 4 项；华南地区运行工程 1 项、建设 4 项、规划 5 项；西南地区建设工程 3 项、规划 1 项。

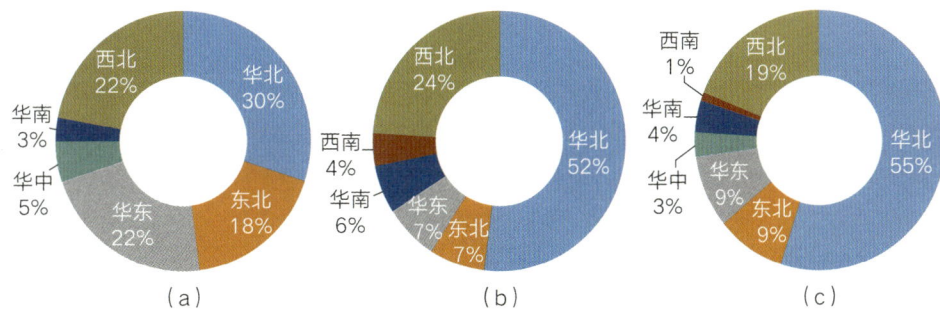

图 3-13　中国运行、建设、规划的氢能工程区域分布图
（a）我国运行氢能工程区域分布；（b）我国在建氢能工程区域分布；
（c）我国规划氢能工程区域分布

制氢规模方面，华北、西北、东北运行、建设、规划的氢能工程制氢规模位于前三名，中国运行、建设、规划的氢能工程制氢规模如图 3-14 所示。华北地区，运行、建设、规划的氢能示范工程的制氢规模分别为

128.4、4402.5、6425.4MW；东北地区，运行、建设、规划的氢能示范工程的制氢规模分别为 345、365.9、989MW；华东地区，运行、建设、规划的氢能示范工程的制氢规模分别为 3.7、6、138.1MW；华中地区，运行和规划的氢能示范工程的制氢规模分别为 3.5、46.3MW；华南地区，建设和规划的氢能示范工程的制氢规模分别为 2.5、17.1MW；西南地区，建设和规划的氢能示范工程的制氢规模分别为 298.7、12.6MW；西北地区，运行、建设、规划的氢能示范工程的制氢规模分别为 244.8、686.6MW 和 1375.4MW。

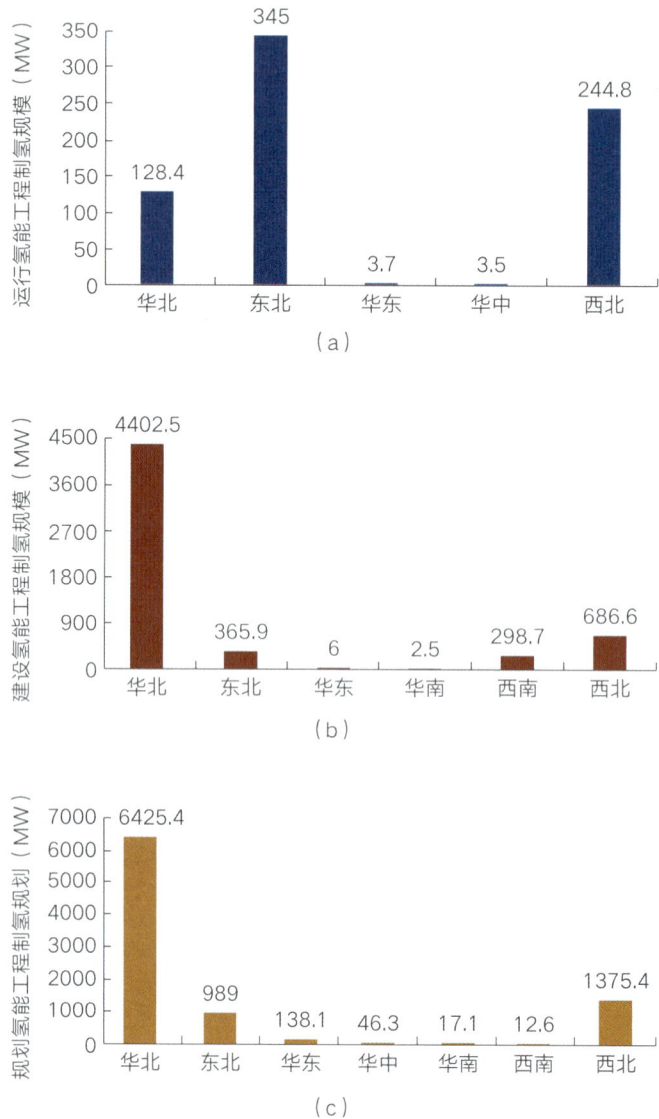

（a）

（b）

（c）

图 3-14　中国运行、建设、规划的氢能工程制氢规模

（a）运行工程；（b）建设工程；（c）规划工程

工程类型方面，氢能工程类型包括可再生能源制氢、分布式发电制氢、氢储能、热电联供等，其中可再生能源制氢工程占比最大，在运行、建设、规划项目中占比均超过 60%，中国运行、建设、规划的氢能工程类型分布如图 3-15 所示。

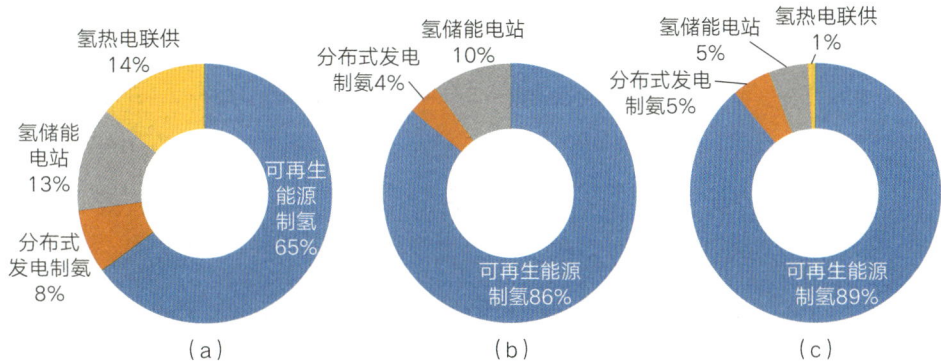

图 3-15　中国运行、建设、规划的氢能工程类型分布
（a）我国运行氢能工程类型；（b）我国建设氢能工程类型；（c）我国规划氢能工程类型

应用领域方面，运行的氢能工程有 35% 用于交通，30% 用于工业，22% 用于发电领域，13% 用于建筑领域。未来用于交通、工业领域的建设和规划的氢能工程数量将进一步增长，中国运行、建设、规划的氢能工程应用领域分布如图 3-16 所示。

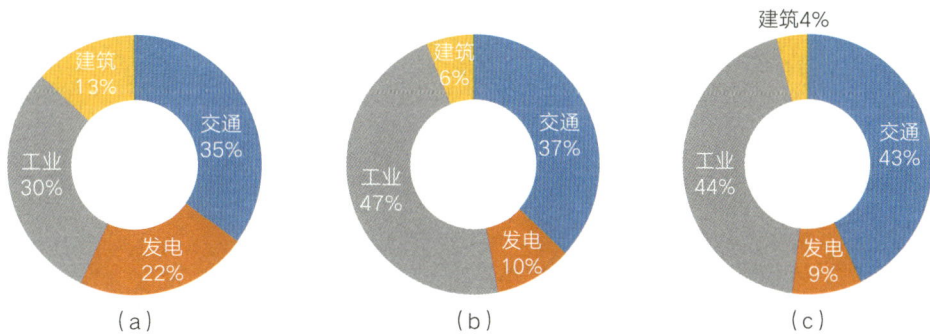

图 3-16　中国运行、建设、规划的氢能工程应用领域分布
（a）我国运行氢能工程应用领域分布；（b）我国建设氢能工程应用领域分布；
（c）我国规划氢能工程应用领域分布

3.2.3　特点与趋势分析

国内外示范工程以源侧可再生能源电解水制氢为主，通过不同项目以覆盖制储输用全链条。氢能产业链长，涉及制取、储运、应用等环节，涵盖多专业技术，国内外氢能示范工程大多数仅选取某个或某几个环节进行示范，通过多个示范工程分别对氢能产业链的不同环节进行示范，并不盲目要求实现全环节的示范，以降低示范项目的投资规模、实施难度和投资规模。

氢能产业的规模化发展高度依赖大型能源企业的主导。现阶段中欧大规模可再生能源制氢项目 60%～80% 以上参与方均以大型能源企业为主[3]，以政府资助为补充，氢能产业的规模化发展高度依赖大型能源企业的主导[4]，因此中欧大型能源企业在实现氢能战略及碳中和目标道路上扮演重要角色。

示范工程主要面向交通、化工等多元氢能应用生态，聚焦于电氢耦合领域的较少。国内外示范工程主要用于工业、交通、发电、建筑领域，未来在工业领域应用的工程数量将进一步增长，而电网公司的示范工程更聚焦电氢耦合领域，进行小型的分布式可再生能源电制氢、燃料电池热电联供示范，主要依托科技项目进行技术路线验证，探索可再生能源消纳、电网调峰、终端能源利用率提升、应急备用电源等作用。

Chapter 4

电力氢能领域技术需求
与标准布局分析

4.1　电氢耦合领域技术需求分析

4.1.1　电氢耦合领域研究关键词分析

考虑新型电力系统建设需求，本节针对近 5 年国内外发表的电氢耦合领域相关论文进行分析，通过论文关键词词云可以看出，电氢耦合领域论文主要关心以下主题：电氢耦合综述 [5-7] 及应用场景 [8-11]、风光氢耦合场站优化配置 [12-13]、风光氢耦合系统协调控制与优化调度 [14-15]、新能源电解制氢技术经济效益分析 [16-17]、电气氢综合能源系统规划 [18]、电—氢充能站安全运行、接入氢储能的商业模式 [19]、风光氢耦合系统建模与仿真 [20]、制氢系统附加阻尼控制 [21]、电制氢参与电网辅助服务 [13-15]、电解槽快速频率响应分析 [22-23]、新能源制氢电力电子变换器 [24]、电—碳—气—绿证市场耦合 [25-26]、风光氢耦合系统并网电能质量分析 [27-28] 等。其他还有海上风电与氢能系统协同控制、氢燃料电池接入低压系统的电压稳定控制 [29] 等。电氢耦合领域论文关键词词云如图 4-1 所示。

图 4-1　电氢耦合领域论文关键词词云

4.1.2　氢能在新型电力系统中的技术需求分析

根据以上电氢耦合领域论文关键词词云以及相关论文，分析氢能在新型电力系统中的技术挑战与需求，共分为六个方面：市场机制与商业模式、规划与经济性分析、建模与仿真、电氢耦合影响机理、运行与控制、试验与测试。

1 市场机制与商业模式

在市场机制与商业模式方面，技术需求与挑战主要为：①氢能在新型电力系统中的发展趋势及演变路径；②电—氢协同市场机制，如可再生能源电制氢的支持性电价政策[13]；③氢能系统参与电力系统的辅助服务市场机制，如参与调频、黑启动、备用发电等；④电—氢—碳交易等多能源耦合市场的商业发展模式、运营模式；⑤电制绿氢的时空匹配溯源认定及全生命周期碳足迹评价等。

2 规划与经济性分析

在规划与经济性分析方面，技术需求与挑战主要为：①电力子系统与氢能子系统的协同规划；②城市或区域级别的电氢系统架构、集成方案[10]；③并网型/离网型风光氢耦合系统容量优化配置，优化目标可为降低弃风率/弃光率、提升电网灵活性、提高系统经济性等；④并网型/离网型风光氢耦合系统技术经济评价分析，如再生能源上网和电解水所需电量的比例分析[6]、风光氢耦合系统技术经济评价敏感性指标设计等；⑤不同类型氢储能的多时空优化配置技术[9]；⑥燃料电池热电联产系统优化配置等。

3 建模与仿真

在建模与仿真方面，技术需求与挑战主要为：①宽范围波动性电解槽本体及制氢机建模[7]；②可再生能源电解水制氢负荷动态适应性提升技术[9]；③大规模电解制氢集群等效建模；④氢燃料电池本体建模；⑤电网氢储能场景下大容量和快速响应固态储氢微观吸/放氢特性；⑥不同时间尺度下氢储能参与电力系统稳/暂态仿真模型构建技术，包括制氢负荷、储氢、氢发电模型等，模型需精确反应化学反应内部关键的状态量，同时具备在电力系统稳态与暂态时间尺度下的全响应能力[9]；⑦电氢耦合多场景全环节数字仿真技术；⑧含氢储能系统的硬件在环仿真技术；⑨电氢系统故障演化过程理论模型与安全防护技术。

4　电氢耦合影响机理

在电氢耦合影响机理方面，技术需求与挑战主要为：①规模化风光氢耦合系统接入电网相互作用机理，包括风光氢耦合场站的故障暂态功率与暂态电压特性[6]、风光氢耦合场站附加阻尼控制策略[6,21]、大规模风光氢耦合系统接入对电网安全稳定的影响等；②风光耦合氢储能柔性微网技术，包括并网型以及孤网型微电网的智能调度技术、不同故障条件下的保护技术以及网络重构方案[6]；③并网型风光氢耦合系统电能质量分析[27-28]；④构网型燃料电池小干扰与大干扰同步稳定性问题[9]。

5　运行与控制

在运行与控制方面，技术需求与挑战主要为：①风光氢耦合系统多时间尺度电力电量平衡；②规模化风光氢耦合系统并、离网运行控制策略，实现风光上网功率、制氢功率、弃风 / 光功率的合理设置，以及风光品质优化，可抑制风功光率波动、实时调控风光与负荷的不平衡功率。控制策略需考虑并网运行与离网运行两种场景：并网运行时满足并网下的电能质量、功率交换等接入规范，同时兼顾制氢 / 燃料电池启动、动态响应特性的调频策略；离网运行时风光氢耦合系统运行控制策略需保障系统的稳定运行；③微网风光耦合氢储能控制策略：风电、光伏、电解槽、燃料电池及多种类储能协同控制方法，确保微网在并网和孤岛情况下，均具有较高的可靠性、良好的电能品质和经济性[6]；④大规模电制氢集群系统调度与控制，包括确定不同机组运行、停机、备用状态以适应总负载变化[7]，以及考虑电能质量约束的集群调度方法，如考虑制氢机负载、温度对可控硅整流电源功率因数以及谐波的影响[7]；⑤可再生能源电解水制氢电源结构及入网控制；⑥构网型燃料电池拓扑结构及控制[9]；⑦多构网型燃料电池并联协同控制[9]；⑧燃料电池热电联供动态调控。

6　试验与测试

在试验与测试方面，技术需求与挑战主要为：①波动性可再生能源制氢试验测试；②电网氢储能场景下固态储氢试验测试；③燃料电池热电联供试验测试；④风光氢储微网试验，包括电制氢 / 燃料电池发电参与电网调峰调频、长时短时多种类型储能协同运行、微网全生命周期碳足迹与碳减排评价等。

4.2 氢能领域标准布局分析

4.2.1 国际氢能领域标准布局分析

　　国际标准组织及氢能产业发达国家主导氢能国际标准制定，但侧重点不同。国际标准化组织氢能技术委员会（ISO/TC 197）负责气态氢、液态氢在基础术语、质量、安全、制备、储运与加注以及检测等方面的氢能标准制定。国际电工委员会燃料电池技术委员会（IEC/TC 105）则更聚焦于燃料电池商业化应用与安全。美国氢能标准主要针对氢工程建设、氢储运与加注和氢能应用等共性技术与问题。日本氢能技术国家标准大部分由 ISO/IEC 氢能标准采标转化而来，并针对燃料电池技术在氢能应用和测试方面确立了较多国家标准。英国、德国、法国等也发布多项氢能技术标准，但主要采用 ISO/IEC 氢能和燃料电池相关技术标准。国际标准组织及氢能产业发达国家标准侧重见表 4-1。

表 4-1　国际标准组织及氢能产业发达国家标准侧重

标准组织 / 国家	领域
国际标准化组织氢能技术委员会（ISO/TC 197） 聚焦于氢能基础、氢安全及本体特性，如气 / 液态氢的基础术语、质量、安全、制备、储运与加注以及检测	
国际电工委员会燃料电池技术委员会（IEC/TC 105）	聚焦于燃料电池商业化应用与安全，如燃料电池及其术语、安全、安装、应用与检测等
国际标准化组织道路车辆技术委员会（ISO/TC 22）	主要负责道路车辆及其装备的兼容性、互换性、安全性以及术语和性能评价试验规程的标准化工作
国际标准化组织气瓶技术委员会（ISO/TC 58）	主要负责氢瓶方面的标准制订，具体包括气瓶的接头、设计和操作要求等
国际标准化组织低温容器技术委员会（ISO/TC 220）	主要负责储存和运输冷冻液化气体的绝热容器领域有关产品的设计、制造和安全运行标准等
国际标准化组织气体分析技术委员会（ISO/TC 158）	主要负责气体分析领域中的术语、混合气体标准物质的制备、采样、转移以及评估气体分析仪器的各项性能的分析方法
美国	主要针对氢工程建设、氢储运与加注和氢能应用等共性技术与问题
日本	主要围绕氢能燃料电池方面，如燃料电池乘用车、燃料电池热电联供固定站等
欧盟	主要采用 ISO/IEC 氢能和燃料电池相关技术标准

氢能本体的相关国际标准已较为完备，氢能应用的标准占比最大。据不完全统计，截至 2023 年 12 月，ISO 和 IEC 共制定氢能相关标准 130 项。根据 2023 年 8 月国家标准化管理委员会、国家能源局等 6 部门联合印发的《氢能产业标准体系建设指南（2023 版）》中提出的由基础与安全、氢制备、氢储存和输运、氢加注、氢能应用构成的氢能产业标准体系，绘制氢能相关国际标准分布情况，氢能技术国际标准分布情况如图 4-2 所示。可以看出，ISO 与 IEC 共同协作，覆盖了全部 5 个技术类别，其中氢制备类别中的标准数量最少，占比 3.1%，氢能应用（氢能应用基础、交通、储能、发电、工业领域）类别中的标准数量最多，占比达到 52.3%。

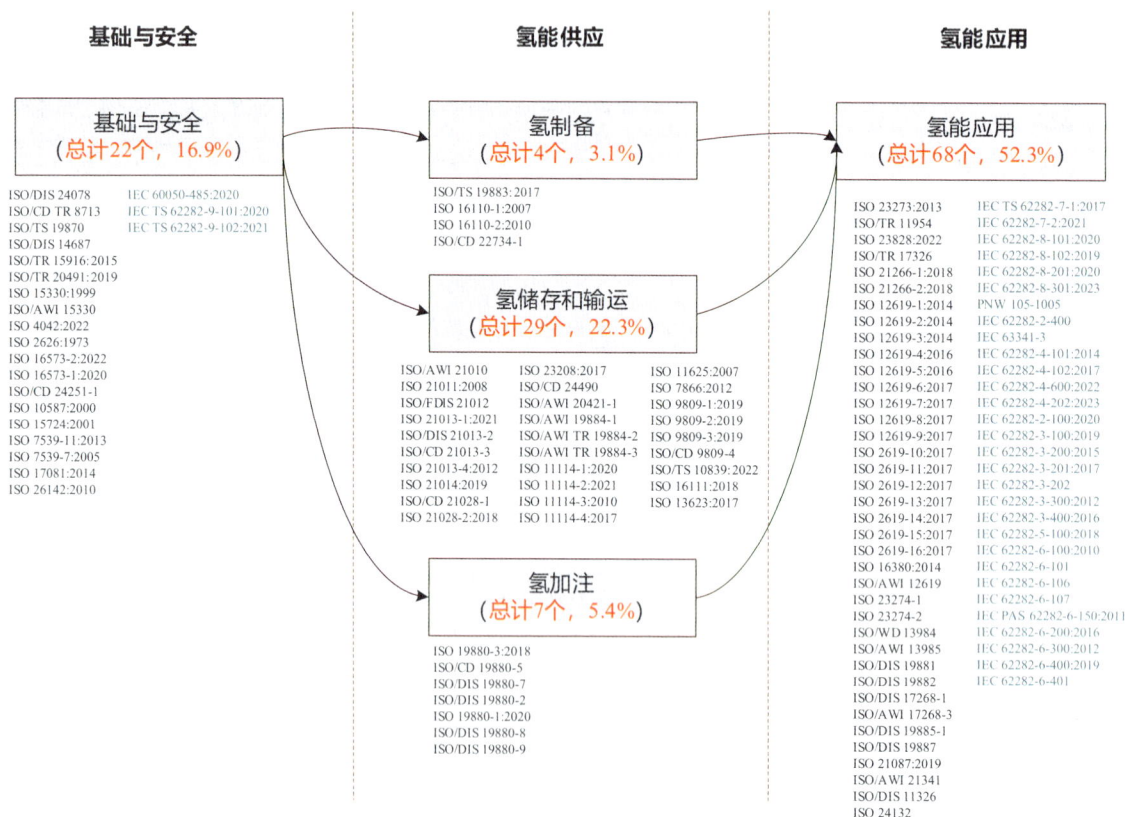

基础与安全　　　　**氢能供应**　　　　**氢能应用**

基础与安全
（总计22个，16.9%）

ISO/DIS 24078　　IEC 60050-485:2020
ISO/CD TR 8713　　IEC TS 62282-9-101:2020
ISO/TS 19870　　IEC TS 62282-9-102:2021
ISO/DIS 14687
ISO/TR 15916:2015
ISO/TR 20491:2019
ISO 15330:1999
ISO/AWI 15330
ISO 4042:2022
ISO 2626:1973
ISO 16573-2:2022
ISO 16573-1:2020
ISO/CD 24251-1
ISO 10587:2000
ISO 15724:2001
ISO 7539-11:2013
ISO 7539-7:2005
ISO 17081:2014
ISO 26142:2010

氢制备
（总计4个，3.1%）

ISO/TS 19883:2017
ISO 16110-1:2007
ISO 16110-2:2010
ISO/CD 22734-1

氢储存和输运
（总计29个，22.3%）

ISO/AWI 21010　　ISO 23208:2017　　ISO 11625:2007
ISO 21011:2008　　ISO/CD 24490　　ISO 7866:2012
ISO/FDIS 21012　　ISO/AWI 20421-1　　ISO 9809-1:2019
ISO 21013-1:2021　　ISO/AWI 19884-1　　ISO 9809-2:2019
ISO/CD 21013-3　　ISO/AWI TR 19884-2　　ISO 9809-3:2019
ISO 21013-4:2012　　ISO/AWI TR 19884-3　　ISO/CD 9809-4
ISO 21014:2019　　ISO 11114-1:2020　　ISO/TS 10839:2022
ISO/CD 21028-1　　ISO 11114-2:2021　　ISO 16111:2018
ISO 21028-2:2018　　ISO 11114-3:2010　　ISO 13623:2017
　　　　　　　　　　ISO 11114-4:2017

氢加注
（总计7个，5.4%）

ISO 19880-3:2018
ISO/CD 19880-5
ISO/DIS 19880-7
ISO/DIS 19880-2
ISO 19880-1:2020
ISO/DIS 19880-8
ISO/DIS 19880-9

氢能应用
（总计68个，52.3%）

ISO 23273:2013　　IEC TS 62282-7-1:2017
ISO/TR 11954　　IEC 62282-7-2:2021
ISO 23828:2022　　IEC 62282-8-101:2020
ISO/TR 17326　　IEC 62282-8-102:2019
ISO 21266-1:2018　　IEC 62282-8-201:2020
ISO 21266-2:2018　　IEC 62282-8-301:2023
ISO 12619-1:2014　　PNW 105-1005
ISO 12619-2:2014　　IEC 62282-2-400
ISO 12619-3:2014　　IEC 63341-3
ISO 12619-4:2016　　IEC 62282-4-101:2014
ISO 12619-5:2016　　IEC 62282-4-102:2017
ISO 12619-6:2017　　IEC 62282-4-600:2022
ISO 12619-7:2017　　IEC 62282-4-202:2023
ISO 12619-8:2017　　IEC 62282-2-100:2020
ISO 12619-9:2017　　IEC 62282-3-200:2019
ISO 2619-10:2017　　IEC 62282-3-201:2015
ISO 2619-11:2017　　IEC 62282-3-202
ISO 2619-12:2017　　IEC 62282-3-300:2012
ISO 2619-13:2017　　IEC 62282-3-400:2016
ISO 2619-14:2017　　IEC 62282-5-100:2018
ISO 2619-15:2017　　IEC 62282-6-100:2010
ISO 2619-16:2017　　IEC 62282-6-101
ISO 16380:2014　　IEC 62282-6-106
ISO/AWI 12619　　IEC 62282-6-107
ISO 23274-1　　IEC PAS 62282-6-150:2011
ISO 23274-2　　IEC 62282-6-200:2016
ISO/WD 13984　　IEC 62282-6-300:2012
ISO/AWI 13985　　IEC 62282-6-400:2019
ISO/DIS 19881　　IEC 62282-6-401
ISO/DIS 19882
ISO/DIS 17268-1
ISO/AWI 17268-3
ISO/DIS 19885-1
ISO/DIS 19887
ISO 21087:2019
ISO/AWI 21341
ISO/DIS 11326
ISO 24132

图 4-2　氢能技术国际标准分布情况

氢能相关国际标准虽多，但主要聚焦于氢能基础、氢安全及本体特性、燃料电池交通应用等，与电力领域结合的标准较少。在 ISO 和 IEC 发布的 130 项氢能相关标准中，只有 11 项标准与电力领域有一定相关性，占比 8.46%，与电力领域相关的氢能技术国际标准分布情况如图 4-3 所示，主要聚焦在燃料电池领域，包括燃料电池基础、固定式燃料电池发电系统、储能系统用可逆模式燃料电池模块，但仍是聚焦于模块/系统的安全、安装、本体特性，未涉及与电力系统的交互影响，在电氢耦合领域的标准仍是空白。

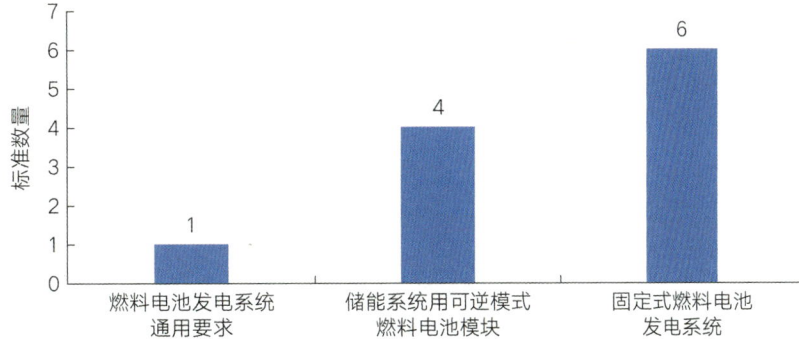

图 4-3 与电力领域相关的氢能技术国际标准分布情况

4.2.2 中国氢能领域标准布局分析

中国氢能领域的标准化机构主要为全国氢能标准化技术委员会（SAC/TC 309）、全国燃料电池及液流电池标准化技术委员会（SAC/TC 342）、全国汽车标准化技术委员会电动车辆分技术委员会（SAC/TC 114/SC 27）。SAC/TC 309 对口跟踪 ISO/TC 197 氢能技术标准动态，聚焦于氢能制、储、加氢、应用及安全与测试等领域的标准化工作；SAC/TC 342 对口跟踪 IEC TC 105 氢能技术标准动态，主要负责氢燃料电池的术语、要求、试验等领域的标准化工作；SAC/TC 114/SC 27 负责氢燃料电池汽车领域的标准化工作。

氢能本体的相关国际标准已较为完备，氢能应用的标准占比最大。根据《氢能产业标准体系建设指南（2023 版）》附表统计，已制定的氢能国家标准和行业标准共 139 项，氢能技术中国标准分布情况如图 4-4 所示。与氢能国际标准分布类似，国内标准在氢制备类别中的标准数量最少，占比 8.6%，氢能应用类别中的标准数量最多，国家标准和企业标准共 66 项，占比达到 47.5%。在氢能应用类别中，氢能应用基础、交通、储能、发电领域的标准分别为 16、34、2、10 项，交通领域应用的标准最多，与电力系统有一定相关性的储能与发电领域标准最少。

与国际标准相比，中国更关注氢能与电力领域结合的标准，但数量总体仍较少，与电网交互的国家标准欠缺。国家标准和行业标准中，与电力领域结合的标准共 11 项，占比 7.9%，领域分别为氢储能系统、燃料电池发电通

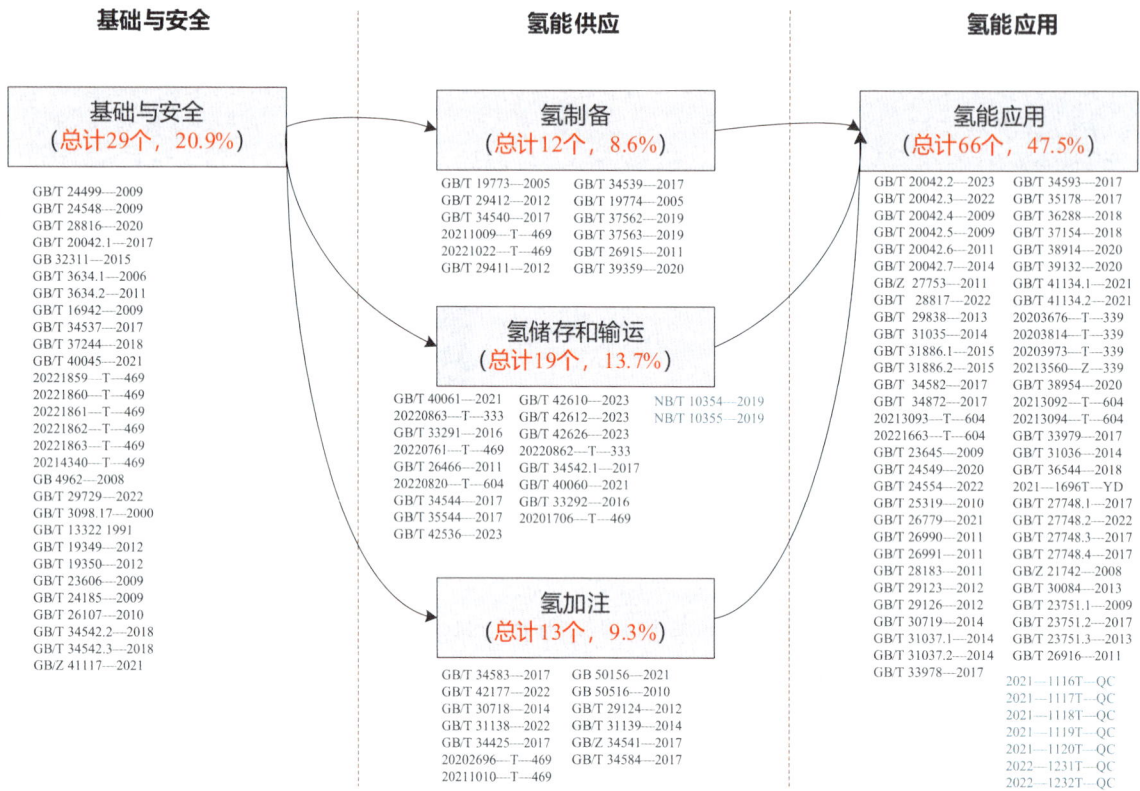

图 4-4　氢能技术中国标准分布情况

用要求、燃料电池备用电源、固定式燃料电池发电系统、综合能源，如图 4-5 所示。中国氢能示范工程很多为并网型，涉及与电网的影响交互，因此中国更关注电氢耦合领域的标准，目前也有相关团体标准、企业标准制定，如团体标准 T/CES 223—2023《氢电耦合微电网效能评价导则》，但与电网交互的标准规范仍为空白。

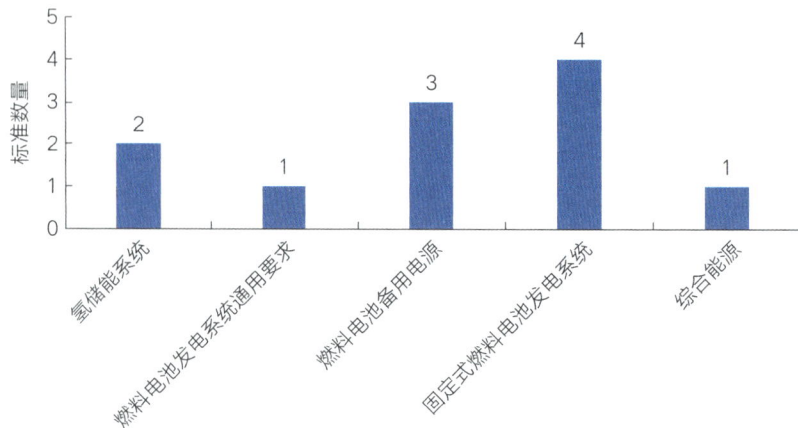

图 4-5　与电力领域相关的氢能技术中国标准分布情况

4.2.3   中国电氢耦合标准问题分析及未来标准发展方向

1   中国电力氢能领域标准问题分析

电氢耦合标准化工作产业协调难度大。总体协调层面，电氢耦合产业链长，且涉及电气、材料、化工、机械、控制等多专业技术与政策，学科交叉性强，目前我国没有明确的牵头综合协调部门。各产业链上下游行业有些环节存在多重管辖，而有些领域没有明确对应的部门与标准化机构，协调难度大，可能引起的沟通不畅与决策缓慢将影响电氢耦合标准化进程。标准组织层面，电氢耦合涉及的标准技术委员会较多，不可避免会造成标准内容交叉，各领域对电氢耦合相关系统、产品在术语、技术指标等方面会有不同要求，可能造成用户在使用标准中的混乱。

电氢耦合领域标准体系建设不系统。2023 年 8 月国家标准化管理委员会、国家能源局等 6 部门联合印发《氢能产业标准体系建设指南（2023版）》，涵盖基础与安全、氢制备、氢储存和输运、氢加注、氢能应用等 5个子体系，其中氢能应用中的氢燃气轮机、氢储能系统、氢储能系统接入电网、燃料电池系统、综合能源等与电氢耦合密切相关，但没有具体细分且覆盖不全，缺乏对氢能与电力系统两个行业的标准进行系统梳理与分析工作，无法对电氢耦合标准制定形成有效指导。

电氢耦合科技创新能力不足。技术方面，可再生能源制氢、规模化储氢、大规模氢能发电、氢能主动支撑电网、长时短时多种类型储能协同运行等电网友好型氢能技术、装备待突破。工程方面，目前国内与国际氢能工程类型主要以可再生能源制氢为主，与电网深度结合运行的较少，国家电网公司开展的示范主要是兆瓦级及以下的负荷侧小型示范，初步探索分布式可再生能源消纳与电网调峰作用，对电氢互动、主动支撑电网等研究不足。试验方面，缺乏系统化的试验基地、成熟的试验方法、完善的试验系统、体系化的检测标准、真实的试验数据，难以分析大规模可再生能源波动性制氢、燃料电池发电对电网的影响评价。人才方面，同时拥有电能与氢能专业知识的跨学科、跨领域、熟悉国际标准制定的复合型专业人才面临较大缺口。

目前在参与国际氢能领域标准制定中缺少话语权。组织联盟方面，目前主要的氢能相关国际标准组织如 ISO/TC 197、IEC/TC 105，技术委员会主席和秘书均为国外专家，且我国并没有参加 ISO/TC 197 的工作组。国际上具有影响力的氢能产业联盟由国外主导成立，如国际氢能协会在美国成立，国际氢能委员会由国外 13 家公司主导成立。人员资历方面，IEC/TC 105 相关工作组中我国专家较少，氢能技术与标准方面专家资历不足。标准制定方面，目前国际氢能标准主要由美国、日本、法国、英国、德国等氢能技术先进的国家发起并主导，我国科研院校、企业参与较少，国际标准化工作推进力度不足，没有实质话语权，致使我国企业优势及诉求无法体现在相关标准里。

2　中国电力氢能领域未来标准发展方向

目前我国各地纷纷出台氢能发展规划，在"三北"等新能源富集地区，多个风光制氢一体化示范工程正在建设中，考虑到国家双碳战略，未来在新能源资源丰富地区会投产大量电解制氢装置，规模化波动制氢装置的接入薄弱地区电网，将对电网稳定运行甚至沙戈荒地区电力外送带来不利影响。当前受电解制氢技术性能制约，大规模新能源基地风光制氢均采用了并网运行模式，且部分地区允许制氢站在规定比例下与电网进行功率和电量交互，这给新能源占比不断增加的电力系统安全稳定运行带来了挑战，因此我国亟需布局电氢耦合领域标准。

我国电氢耦合领域可进行的标准化工作涉及与电力系统紧密联系的制、储、用等方面。可再生能源消纳制氢方面，适用于可再生能源制氢装备、规划设计、运行维护等标准化工作；长周期跨季节大规模储能方面，适用于电力系统储氢技术标准化工作；氢发电及热电联供方面，适用于氢发电及热电联供系统规划设计、运行控制、并网接入等标准化工作；氢能作为新型电力系统灵活性调节资源方面，适用于电氢耦合互动的标准化工作。

加强电氢耦合领域标准工作统筹。成立电氢耦合标准化总体工作推进组，出台建立电氢耦合标准体系的指导意见，建立政府引导、企业主体、产学研联动的电氢耦合国际标准化工作机制。建立多行业标准化机构协调、顶层设计、广泛参与、协同攻关、标准成套的综合标准化模式，实施标准联合制定模式，统一规范电氢耦合技术标准。

完善电氢耦合领域标准体系顶层设计。成立电氢耦合标准化项目研究组，统筹吸纳各方资源加强我国电氢耦合标准化战略研究和顶层设计。以发展政策与应用需求为导向，提出考虑氢能系统与电力系统技术特点的电氢耦合技术领域的标准体系建设方案和技术路线图，形成系统完整、协调优化、兼容并蓄、易于扩展的标准体系。抓紧制定策划可再生能源制氢及并网、电力系统储氢、氢发电及热电联供、电氢耦合与互动、电氢耦合相关试验及检测、新型电力系统各环节氢安全等领域的国际标准。

提升电氢耦合领域科技创新能力。技术研究方面，推动电氢耦合领域重大科技项目策划与立项，加强电氢耦合标准预研工作，针对关键共性问题开展专题研究与技术攻关。工程应用方面，深化电力领域与氢能领域企业合作，开展大型电氢耦合示范工程，积累运行数据，先行建立电氢耦合示范应用标准体系。验证测试方面，加强试验能力和资质建设，电力领域相关企业建设高水平电氢耦合试验研究与检测中心，打造国际一流的电氢耦合全环节试验中心和标准验证基地，对相关标准制定和实施过程中的参数指标等进行验证，保证标准质量和有效性。反馈机制方面，建立电氢耦合标准交流平台，制定标准实施信息反馈机制。结合氢能国际标准完善电氢耦合相关认证体系建设，加强与国际标准认证体系的互认。人才培养方面，培养具备"跨领域技术＋国际化标准"能力的复合型人才，对电氢耦合的专业技术人员进行标准化工作的宣贯宣传，建立完善的电氢人才队伍。

加大参与氢能国际标准制定力度。密切关注国际电氢耦合领域标准动向，建立国际与国内标准协同发展机制，积极推动我国各方参与国际标准化活动，提升国际国内标准一致性水平。国际组织方面，积极举办氢能国际标准化交流活动，增进国际合作；在"一带一路"沿线，依托氢能领域互联互通海外项目，大力实施我国标准"走出去"工程，深化标准国际化合作。产业联盟方面，在重视国际相关组织制定的标准基础上，同时重视产业联盟标准、事实标准，并对相关标准采取跟随策略。标准制定方面，依托已承担的高层职务和秘书处，如可再生能源接入电网技术委员会 IEC/SC 8A 以及分散式电力能源系统技术委员会 IEC/SC 8B 等平台，选取优势技术，发起关键领域的电氢标准提案。

氢能在新型电力系统中的
应用研判

5.1　氢能在新型电力系统中的定位

随着可再生能源装机容量的快速增长以及用户侧负荷的多样性变化，新型电力系统将面临电力供应安全、高比例新能源消纳、电网安全稳定运行、适应减碳目标的市场机制等多方面挑战。

氢能作为新兴零碳二次能源，是目前唯一可实现热网、电网、油气网深度耦合转换目标的关键媒介。氢能的制备途径多样，在未来，以清洁能源为主要一次能源供体的能源结构下，利用可再生能源制氢，将随时变化不可控的清洁电力转化为可储存、便于运输的绿色液体 / 气体燃料和化工原料，既是对可再生能源的充分利用，又能通过储氢和氢转化产品（甲烷、甲醇等）成为应对新能源中长周期波动的备用清洁能量来源，还可以在电网运行中通过调节电解水装置等给电网带来新的灵活性调节手段。即氢气可发电、可发热、也可用于交通燃料的功能优势，打破了传统的热网、电网、油气网三者之间无法相互耦合转化的壁垒，提高了能源互联网的操作灵活性，真正实现了不同能源形式之间的彼此联通、深度耦合，为新型电力系统发展带来了难得的机遇。

利用可再生能源电制氢，促进可再生能源消纳。我国可再生能源发展领先全球，水、风、光装机量均为世界第一，据国家能源局发布的 2020 年可再生能源并网运行情况可知，目前国内风电、光伏利用率分别为 97% 和 98%，随着大规模可再生能源的快速发展，其运行消纳问题会进一步显现，利用可再生能源制氢可有效提升我国可再生能源消纳水平。

利用氢储能特性，实现电能跨季节长周期大规模存储。电化学储能存在储能时间短、容量规模等级小等不足，目前主要用于电网调频调峰、平滑新能源出力波动性，实现小时级别的短周期响应与调节，而氢储能具有储能容量大、储存时间长、清洁无污染等优点，能够在电化学储能不适用的场景发挥优势，在大容量长周期调节的场景中，氢储能在经济性上更具有竞争力。

利用氢能电站快速响应能力，为新型电力系统提供灵活调节手段。基于质子交换膜（PEM）的电解水制氢装备具有较宽的功率波动适应性，可实现输入功率秒级、毫秒级响应，同时可适应 10%~150% 的宽功率输入，为电网提供调峰调频服务，提高电力系统安全性、可靠性、灵活性，是构建新型电力系统的重要手段。

推动跨领域多类型能源网络互联互通，拓展电能综合利用途径。氢能作为灵活高效的二次能源，在能源消费端可以利用电解槽和燃料电池，通过电氢转换，实现电力、供热、燃料等多种能源网络的互联互补和协同优化，推动分布式能源发展，提升终端能源利用效率。

综上，氢能的发展将会改变终端能源消费结构，一定程度上减少电能消费需求，从而缓解系统保供压力。大规模新能源独立制氢将开辟新能源非电消纳新途径，缓解电力系统消纳压力。此外，规模化氢燃料电池和氢燃机发电的应用也有助于提供部分电力保供资源。

氢能在新型电力系统源、网、荷的应用模式如图 5-1 所示。氢能作为清洁、高效、低碳的二次能源，具有物质和能量双重属性，在电源侧通过电解制氢设备发挥能量属性，消纳可再生能源富余电力，使电网适应可再生能源出力时空和规模的波动性；在电网侧通过氢能电站发挥物质和能量双重属性，为电网运行提供调峰、需求响应等辅助服务；在负荷侧发挥物质和能量双重属性，应用于交通、工业等领域，同时通过燃料电池和燃氢轮机等设备提供热电联产综合能源服务。综合上述分析，氢能在新型电力系统中作为一种优质的灵活性调节资源，通过能量属性调节电力系统的电力平衡，通过物质属性实现清洁电力的综合利用。

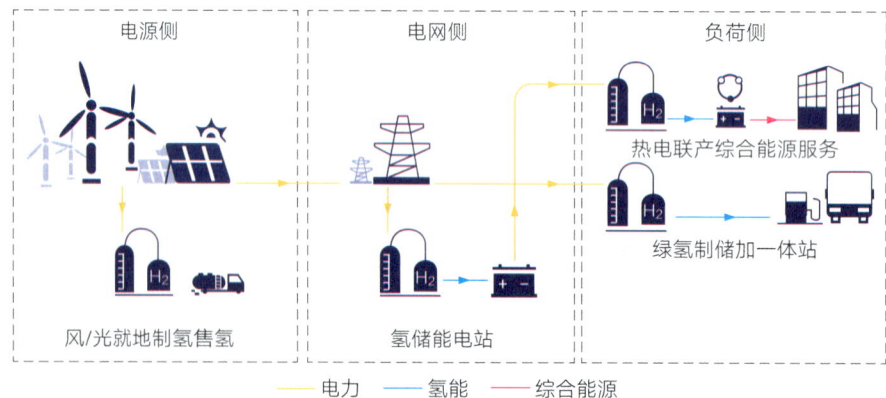

图 5-1　氢能在新型电力系统源、网、荷的应用模式

5.2　氢能在新型电力系统中的应用专题研究

5.2.1　电氢耦合经济性发展趋势分析

1　电氢耦合场景构建

　　氢能可应用于新型电力系统各环节，电氢耦合发展态势明显。其中，电解制氢经济性决定了未来氢源结构的发展趋势。新型电力系统中电制氢具有不同路径，根据电制氢设备所属位置可分为"源、网、荷"三侧，不同场景下电制氢单位成本有较大差异，不同参数对其成本影响趋势尚不明确。构建电氢耦合典型场景，对不同场景下电制氢全生命周期经济性进行分析具有重要意义。本节研究电氢耦合在"源、网、荷"三侧的典型场景，计算电制氢全生命周期平准化单位成本，分析不同参数变化对电制氢成本的影响，提出新型能源体系下电氢耦合经济性发展趋势。根据氢能在新型电力系统各环节发挥的作用，构建了电氢耦合在"源、网、荷"三侧的典型场景，包括源侧可再生能源并网电制氢场景、网侧氢储能电站场景及荷侧分布式网电制氢场景，典型电制氢应用场景如图 5-2 所示。

　　下面给出三类电氢耦合场景电制氢功能定位及场景特征，并在此基础上设计场景容量配置及主要参数，具体如下：

　　（1）源侧可再生能源电制氢。源侧可再生能源电制氢场景是指将电制氢与可再生能源发电相耦合，实现"可再生能源—电能—氢能"的转化［图 5-2（a）］。该场景可分为以下三种：①平滑可再生能源波动的并网型电制氢场景，以解决弃风弃光问题、平抑可再生能源并网功率波动为主要目标，实现可再生能源友好并网；②集中式可再生能源自发自用制氢＋余电上网场景，主要利用可再生能源发电制氢，多余电量馈入电网，可再生能源发电不足时利用网电补充；③可再生能源离网型电制氢场景，该场景是自建电网，与公共电网无互动，电制氢设备跟随可再生能源出力特性曲线。

　　（2）网侧氢储能电站。网侧氢储能电站充分发挥氢储能容量大、储存时间长、清洁无污染等特性，实现大规模、长周期、广地域的储能，如图 5-2（b）所示。网侧氢储能电站采用"电—氢—电"转换模式：用电低谷时，利

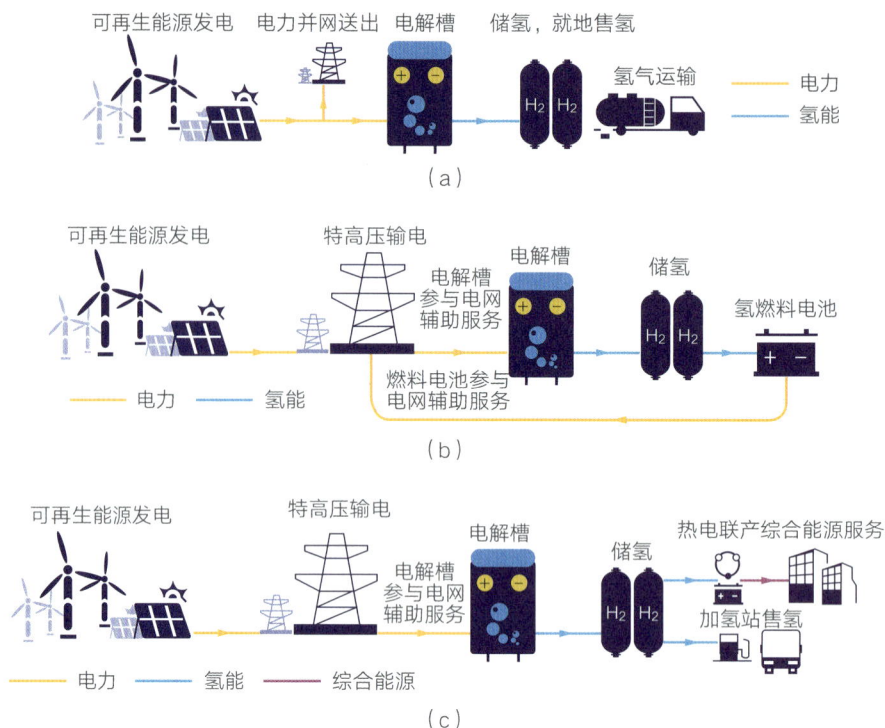

图 5-2　典型电制氢应用场景
（a）源侧可再生能源并网电制氢场景；（b）网侧氢储能电站场景；
（c）荷侧分布式网电制氢场景

用电解水制氢将电转化为氢气存储起来；用电高峰时，将储存的氢能利用氢燃料电池发电，有效解决电力系统电力电量平衡问题，可参与电网辅助服务，进一步促进可再生能源消纳。

（3）荷侧电制氢。荷侧电制氢是指电制氢设备与分布式电源、电力用户等用电负荷相耦合，形成新的负荷特性 [图 5-2（c）]。该场景可分为以下四种：①分布式网电制氢场景，该场景利用谷电、电力市场电价制氢；②分布式可再生能源自发自用与网电联合制氢场景，该场景同时利用可再生能源与谷电制氢，实现可再生能源就地完全消纳；③分布式可再生能源自发自用制氢＋余电上网场景，该场景充分利用可再生能源制氢，多余电量馈入电网；④分布式可再生能源离网型电制氢场景，该场景是分布式可再生能源自建电网，与公共电网无互动，电制氢设备跟随可再生能源出力特性曲线。

2　电氢耦合经济性分析

结合氢能在新型电力系统"源、网、荷"各环节的应用特点，开展各场景电制氢平准化单位成本计算分析，电氢耦合项目成本分析条件见表 5-1。

表 5-1　电氢耦合项目成本分析条件

项目	数值	项目	数值
项目全生命周期（年）	20	碱性电解槽寿命（年）	10
折现率	0.08	碱性电解槽成本（元/kW）	1800
项目残值收益率	0.10	碱性电解槽效率	0.71
风电度电成本（元/kWh）	0.28	蓄电池单价（元/kWh）	1650
光伏度电成本（元/kWh）	0.21	气态储氢单价（元/kg）	3300
低谷电价（元/kWh）	0.31	氢燃料电池单价（元/kWh）	2200
平段电价（元/kWh）	0.50	氢燃料电池效率	0.40
高峰电价（元/kWh）	0.70		

下面对各影响因素对电制氢平准化单位成本的影响特性作逐一分析：

（1）可再生能源度电成本的影响。网侧氢储能电站和荷侧分布式网电制氢场景中，可再生能源发电首先并入公共电网或分布式电网，不使用可再生能源电力直接制氢，因此可再生能源度电成本对电制氢成本基本无影响。其他直接利用可再生能源发电制氢的场景中，可再生能源度电成本对绿氢成本影响较大，可再生能源度电成本每下降0.10元/kWh，电制氢成本下降约5.60元/kg。因此，通过技术升级降低可再生能源度电成本可显著降低绿氢单位成本。

（2）电解槽成本的影响。电制氢平准化单位成本与电解槽成本基本呈现线性关系。其中，在平滑可再生能源波动的并网型电制氢和分布式可再生能源离网型电制氢场景中，电制氢成本随电解槽成本变化的下降趋势更加明显，电解槽成本每下降1000元/kW，电制氢成本下降约3.5元/kg。分布式可再生能源自发自用制氢＋余电上网场景的电制氢成本最低且变化缓慢，电解槽成本每下降1000元/kW，电制氢成本下降1元/kg。因此，在其他容量配置及主要参数相似、电解槽成本较高的工况下，构建分布式可再生能源自发自用制氢＋余电上网场景的电制氢成本最低。总体来说，降低电解槽成本可有效降低各场景电制氢成本，如开发高效催化剂材料、降低隔膜厚度、改善电解槽条件和结构等。

（3）电解槽效率的影响。随着电解槽效率的升高，电制氢平准化单位成本的下降趋势先快后慢：电解槽效率由10%提升至30%，电制氢成本降低66.64%～70.94%；效率由30%提升至50%，成本降低39.93%～48.84%；效率由 90% 增至 100% 时，成本降低仅约 10%。分布式网电制氢场景的电制氢成本随电解槽效率提升而下降的趋势最为显著。因此，当电解槽效率较低时，通过提升电解槽效率能显著降低电制氢成本；当效率较高时，通过提升电解槽效率效果不明显，可通过综合材料研发、系统集成等方法来提高系统经济性。

（4）电制氢成本综合分析。综合考虑可再生能源发电度电成本、电解槽成本、电解槽效率等因素随时间变化情况，分析了各典型场景下电制氢成本从 2020 年至 2060 年的下降趋势。源侧和荷侧直接利用可再生能源发电制氢的场景，受绿电价格变化影响较大，电制氢成本随时间下降速度较快。源侧自发自用制氢＋余电上网及离网型电制氢场景经济性较好，2020 至 2060 年氢气成本始终保持较低水平，2060 年后有望低于 10 元 /kg，接近目前的灰氢价格，具备一定成本竞争力。平滑可再生能源波动并网型电制氢场景的制氢设备利用小时数低，在发展前期制氢成本较高，约 34 元 /kg，但该场景制氢成本随时间下降较快，未来其经济性有一定提升空间。荷侧分布式电制氢容量较小，未来有望实现规模化发展，其经济性有一定提升空间，成为电网灵活性调节资源的重要组成部分。

5.2.2 可再生能源制氢与电化学储能联合运行技术研究

可再生能源制氢与电化学储能系统架构图如图 5-3 所示，系统由电化学储能、电解水制氢系统、储氢罐等组成。可再生能源产生的电能可直接供给

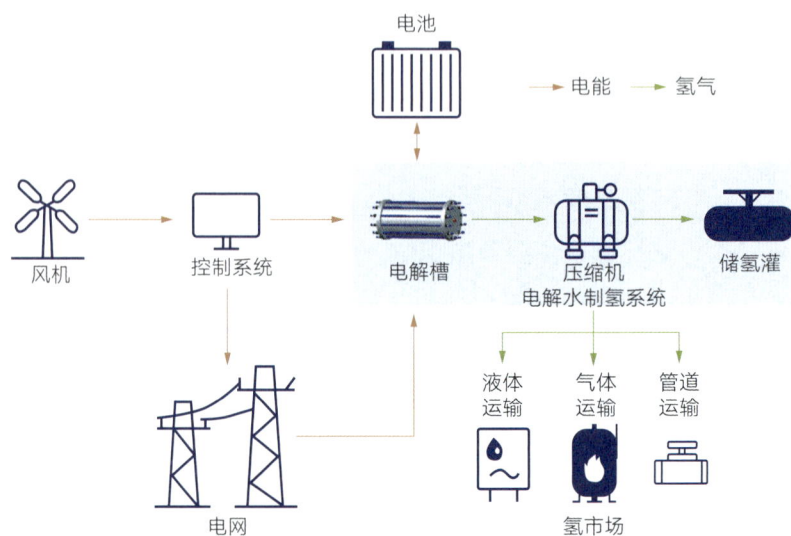

图 5-3 可再生能源制氢与电化学储能系统架构图

电网，也可在大发期储存在储能电池中，以备将来使用。电解装置利用可再生能源电力制氢，生成的氢气直接存储或者通过运输进入氢产业链利用。

可再生能源制氢与电化学储能系统根据可再生能源的出力情况，协调电解制氢与电化学储能系统的输出功率实现可再生能源最大消纳，同时提升系统运行效率。当可再生能源的输入功率大于并网所需的功率时，将会产生弃风，根据弃风功率大小以及风电功率波动性不同选用不同控制模式，当风电输入功率较大时，优先制氢；当风电输入功率较小时，优先并网。其中，P_s 为风电（P_w）与负荷需求（P_i）的差，E_H 为储氢量，P_{el} 为储能充 / 放电额定功率；P_H、P_E 为得出的最佳制氢和电池充放电实际功率。主要分为四种情况：

（1）情况 1，获取并判断电化学储能装置的 SOC 大小，当电化学储能 SOC ≤ 0.1 时，电化学储能装置只充不放，不进行功率调配；

（2）情况 2，当电化学储能 SOC ≥ 0.9，电化学储能装置只放不充，不进行功率调配；

（3）情况 3，当进一步判断储氢罐的容量 E_H 是否大于 0.9，判断结果为否，则进行功率分配；

（4）情况 4，当进一步判断储氢罐的容量 E_H 是否大于 0.9，判断结果为是，则进行功率分配。

若装置满足 SOC 判断，则进行多目标求解。

当可再生能源功率波动频繁时，利用经验模态分解法将弃电功率分解为高频和低频，将高频的波动信号分配给电化学储能，中低频的能量信号分配给电解槽系统进行氢气的制备，制得的氢气使用储氢罐存储，然后通过化工业、氢燃料电池汽车等就地消纳。

基于上述背景，利用电化学储能响应速度快、配置灵活、能够双向出力的特点，提出了一种基于氢储系统的可再生能源—氢—电化学储能系统能量调控分配策略，用以弥补电解制氢装置响应特性不足的问题，在对制氢装置寿命影响最小的前提下最大化消纳可再生能源，保证系统的经济性。

本节引入电化学储能作为辅助调节装置，利用电化学储能快速精准调节的特点，提出一种可再生能源—氢—电化学储能系统优化调节方法。以我国上海一家风力发电厂为研究对象，优化电化学储能约束系统运行，确定最佳储能充放电功率及最佳制氢功率。目前氢气产量的统计采取拟合计算的方法，得出产氢速率曲线，线性模型的系数置信边界为 95%，产氢速率拟合曲线如图 5-4 所示，其中横坐标为输入功率，纵坐标为产氢量。

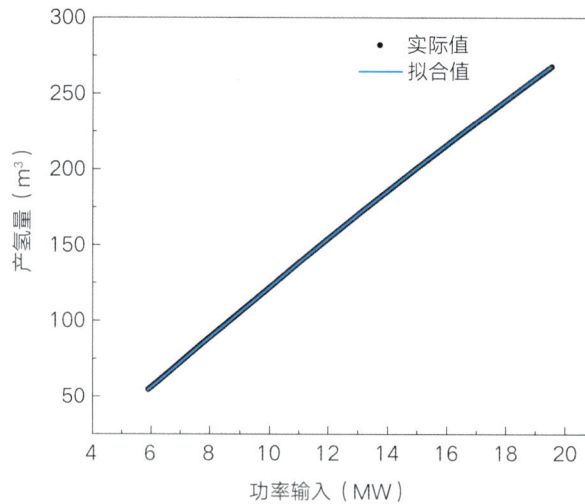

图 5-4　产氢速率拟合曲线

根据风电功率波动、电价、电解槽效率和其他操作条件，实时调整功率分配策略。在最佳产氢功率下，这种动态优化可能导致产氢量在不同时间段表现出不同的模式。峰值点代表在最佳产氢速率下电解槽产氢的最高效率，氢气产量的下降速率取决于反应物消耗速率和电解槽的设计参数。明晰最佳产氢率下的产氢曲线有助于管理人员优化电解槽操作，提高产氢量和能源效率。

电化学储能可在一定的约束范围内弥补风力发电的空缺，与电解槽协作优化系统性能。需要控制其在一定的能量状态范围内，以保障电化学电池的安全性和稳定性。考虑氢气价格对弃电率和收益的影响，氢气价格在 20 ～ 100 元 /kg 范围内变化，随着氢气售价的提高，系统收益逐渐升高，在该情况下，存在一些时段，电解槽和电化学储能无法完全消纳全部风电，从而在一定程度上增加弃电率。弃电率和收益随氢价波动的变化说明适度提高氢价有助于降低弃电率、增加收益，但当氢气价格过高时，弃电率可能由于风电波动较大而上升。考虑收益最大化，氢气价格对系统的可再生能源消耗起着至关重要的作用。最大限度利用可再生能源，同时大幅降低成本，可以带来良好的经济效益，满足可再生能源大规模消纳需求。

5.2.3　综合能源生产单元设想及初步分析

"双碳"目标要求下，通过促进可再生能源发电利用和加快传统煤电机组有序退出及升级改造，推动电源结构的清洁低碳转型，是提高我国非化石能源消费占比、构建新型能源体系的关键途径。一方面，由于资源禀赋特性，风光发电具有波动性和间歇性，机组出力不确定强、抗扰动能力和动态调节能力弱，导致新能源高比例并网难度较大，利用小时数较低，为加快推动新能源开发利用，提高可再生能源占比，需要寻求新的解决思路和发展模式。另一方面，目前大量在役燃煤电厂发电效率已基本达到瓶颈，而大规模采用碳捕集及封存技术成本高昂，厂方缺乏足够动力进行技术改造，简单关停大量机组既不利于短期内能源平稳供应过渡，也牵涉到国有资本的保值增值及就业等多方面问题。

为解决上述矛盾，中国科学院周孝信院士提出"综合能源生产单元（integrated energy production unit, IEPU）"设想，探索在能源转型过程中融合既有煤电及 CO_2 捕集、可再生能源发电及电制氢制甲烷/甲醇等技术，期望可作为未来电力系统中一种具有多种能源产品和调节功能的新成员，促进可再生能源消纳，推动煤电低碳转型有序退出，为实现国家能源转型战略目标做出贡献。

综合能源生产单元概念示意图如图 5-5 所示，由光伏电站、燃煤电站（可经生物质掺烧改造以进一步降低碳排放）、CO_2 捕集分离装置、电解水制氢装置和甲烷/甲醇合成装置组成，旨在促进新能源开发利用，推动传统燃煤发电机组升级改造。

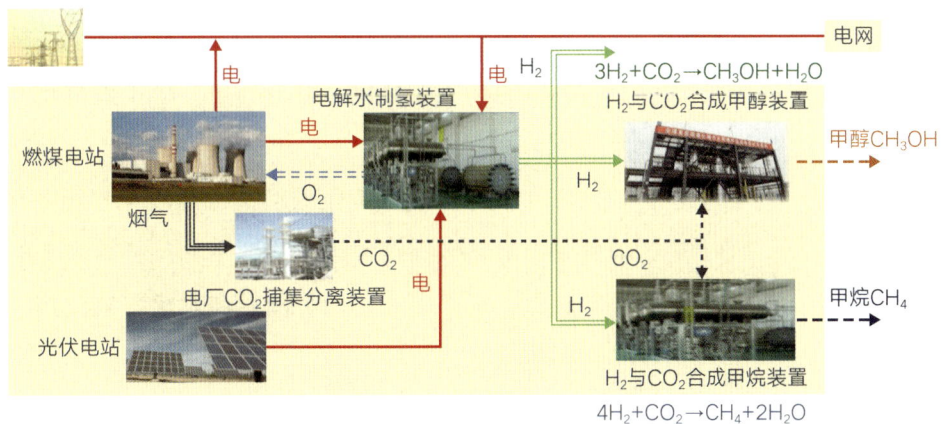

图 5-5 综合能源生产单元概念示意图

需要说明的是，IEPU 作为一种方案设计理念，其结构组成形式可包含多种类型，图 5-5 仅为其中一种类型的概念设计图，实践应用时可在此基础上进行多种扩展和延伸，例如：IEPU 所需 CO_2 可由火电厂碳捕集得到，也可从空气中捕集；电解制氢的电力来源可包括风力发电、光伏发电、水电等多种零碳清洁能源；电解槽生产的绿氢也可与空气中的氮气合成生产氨；IEPU 也可由燃气机组、风光发电、电解水制氢与储氢耦合组成，燃气机组的燃料来源于单元内部生产的绿氢。此外，IEPU 可以是实体的，在工业园区中通过各类装置集成配置实现，也可以是虚拟的，通过位于不同地点的各类设备协同调控，形成参与电网调度的基本单元。

基于图 5-5 所示的综合能源生产单元的基本工作方式为：白天利用低成本的光伏发电制取绿氢，夜间利用低谷时段电网供电或既有火电机组发电，有利于电解制氢系统持续稳定工作，产出的氢气与煤电机组捕集的 CO_2 进一步合成生产甲烷/甲醇等绿色燃料或化工产品。

通过单元内部各子系统协同运行、单元与外部电网的灵活互动，以及多类型能源的生产、存储和化工合成等过程耦合，IEPU 可在以下两个方面发挥优势：①以电解制氢装置作为可控负荷，通过与火电、水电等可调机组联合运行，在单元内部各子系统协同优化的同时，实现与电网互动，成为具有高灵活性的虚拟能源生产单元，为高比例新能源电力系统提供灵活性支撑；②通过二氧化碳直接与氢气合成，生产甲烷、甲醇等便于存储、运输的绿色燃料或作为重要化工原料产品，一方面可规避大规模二氧化碳捕集后压缩及封存的高额成本投入，另一方面形成合理可行的产品收益模式，有利于火电企业推广应用二氧化碳捕集与利用技术；在促进火电行业碳减排及转型发展的同时，所生产的氢气本身及与二氧化碳、氮气合成生成的绿色燃料化工原料产品，也可为能源相关领域化石燃料和原料替代提供一定的来源补充。

为初步分析 IEPU 运行特性，针对关键环节及核心流程构建简化模型。模型包括描述光伏发电、经碳捕集改造的燃煤发电机组、电解槽、甲烷/甲醇合成、氢气和二氧化碳储存等设备物质平衡、能量平衡的输入输出关系方程。为了简单起见，同时考虑目前我国目前燃煤发电比例及规模仍然较大，暂不考虑生物质掺烧改造。

1 容量配置

假设利用设备已折旧完毕的 300MW 燃煤火电机组改造构建 IEPU 系统，可忽略燃煤发电机组投资成本；同时，考虑"双碳"目标要求下燃煤机组可能面临的运行限制，设置机组年运行小时数上限；此外，相关技术及经济参数设置相对乐观，考虑了中长期技术进步、市场机制优化等前提条件。

以合成产物为甲醇（MeOH）的技术路线为例，优化计算所得 IPEU 各设备容量优化配置结果见表 5-2，该系统配置下，燃煤发电机组每年捕获约 16.7 万 t 二氧化碳，约占总排放量的 20.8%，消耗电量约 1620 万 kWh，电解槽容量为 164MW，年产氢气 2.52 亿 Nm^3，年用电量为 10.6 亿 kWh。容量为 226MW 的光伏机组年发电量约为 4.35 亿 kWh，相当于电解槽用电量的 41%，年甲醇合成量约为 12 万 t。

表 5-2　容量优化配置结果

设备	参数	数值
燃煤发电机组	年运行时间（h）	4500
	二氧化碳捕集量（t）	167450
电解槽	功率（MW）	164
	产氢量（亿 Nm^3）	2.52
光伏设备	功率（MW）	226
	年运行时间（h）	1924
甲醇合成装置	产量（t/a）	119790

2　运行灵活性分析

灵活性最重要的评估指标之一是系统净功率输出的最大变化范围，即其上下限之间的差值，若将 IEPU 视为虚拟发电单元，则其净功率输出值需与电网调度中心的负荷需求时刻保持相等。

各类设备容量直接决定其实际输出功率约束，单台传统燃煤发电机组（未经 IEPU 升级改造）的净功率输出 $P_{n,t}$ 与 $E_{CGU,t}$ 相等，即可由其额定容量的 30% 变为 100%，则理论最大可调范围为机组额定容量的 70%；IEPU 发电单元中电解制氢可作为可调节负荷，并包含其他类型电源。基于上述算例的设备容量，可计算得到 $P_{n,max}$ 约为 477MW，$P_{n,min}$ 约为 –74MW，则 IEPU 整体输出功率理论最大可调范围为 551MW，约为燃煤发电机组额定功率的 183%。为直观表示 IEPU 灵活调节能力，进行 IEPU 日内运行调度优化；为说明 IEPU 的理论最大调节能力，日负荷需求曲线最大值时刻与光伏发电最大时刻重叠，需求曲线最小值时刻出现在光伏发电出力为 0 的某一时间点。

综合能源生产单元概念示意图如图 5-6 所示，仿真结果表明：IEPU 作为一个虚拟单元，可为电网提供较传统燃煤发电机组更大的灵活调节范围。

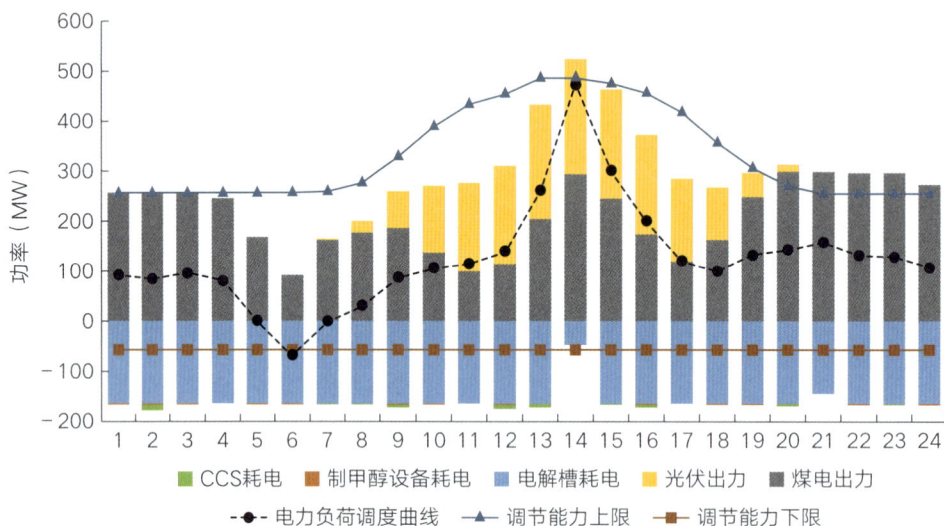

图 5-6　综合能源生产单元概念示意图

IEPU 的基本工作模式为白天利用低成本的光伏发电制氢，夜间利用低谷时段电网供电或煤电机组发电保证电解制氢系统持续稳定工作，产出的氢气与煤电机组捕集的 CO_2 合成生产甲烷/甲醇。在原料及产品方面，将可再生能源电力转化为便于运输、应用广泛的绿色燃料和化工产品，有助于实现能源资源的大范围优化配置；在系统运行方面，充分利用光伏出力与电网峰谷负荷的昼夜互补关系，实现多样化的能源资源转化利用，可有效提高风光资源消纳比例，同时通过与电网协调互动运行，提升电网灵活性。从长远来看，将有助于实现经济、社会及环境效益综合提升，通过 CO_2 高效捕集利用，有效促进碳减排，同时避免 CO_2 压缩及存储成本，为煤电企业转型、盘活存量煤电机组提供新的思路和手段。

未来，为推动综合能源生产单元设想的实践应用，还需要在以下两方面进一步开展相关工作：①加强 IEPU 技术经济性评估分析，考虑全工艺流程中各生产环节关键特性及设备运行参数，结合技术应用场景及相关行业实际情况调研，开展更系统、全面和细致的研究，为综合能源生产单元的工程实现奠定更坚实的理论基础；②综合考虑生产单元与能源系统的耦合关系和自身经济效益，优化生产单元各类设备配置方式及其与电网互动运行模式，在保证系统经济可行性基础上，充分发掘 IEPU 提升电网灵活性的潜力，提高其对能源电力系统安全稳定运行的支撑作用。

5.3 氢能在新型电力系统中的应用研判与挑战

5.3.1 氢能在新型电力系统中的应用研判

氢能市场规模未来将进一步扩大，近中期电制氢可以灵活性负荷形式为电力系统调节提供备选手段，远期氢储能预期可成为支撑电力系统跨季节动态平衡的重要手段。

新型电力系统加速转型期（2023—2030 年）：处于技术攻关与场景探索阶段，制氢作为氢能产业最前端环节，电制氢设备以灵活性负荷形式成为与电力系统主要互动环节，氢能助力电网源侧新能源消纳作用凸显。

新型电力系统总体形成期（2030—2045 年）：氢能作为 10h 以上长时储能技术攻关取得突破，实现日以上时间尺度的平衡调节，与多种类储能协同，满足系统电力供应保障和大规模新能源消纳需求。

新型电力系统巩固完善期（2045—2060 年）：多种类储能协同运行，共同支撑电力系统实现跨季节的动态平衡；同时，电力系统与氢能系统深度协同，共同构成消纳配置新能源的有效载体，助力全社会实现深度脱碳。

5.3.2 氢能在新型电力系统发展带来的挑战

氢能规模化发展将对新型电力系统带来如下挑战：

大规模绿电制氢并网工程快速发展可能会对电网造成冲击。未来在新能源资源丰富地区会投产大量电解制氢装置，规模化波动制氢装置的接入薄弱地区电网，将对电网稳定运行甚至沙戈荒地区电力外送带来不利影响；同时用氢需求具有多样化、随机、不确定特征，存在间歇性用氢，使电制氢成为波动性负荷，将加剧源荷不平衡。

绿电制氢工程系统备用容量成本补偿机制尚不健全。氢能发展处于初期，绿电制氢示范项目多为并网型，利用电网作为备用，在自建新能源场站出力波动时，由电网为其提供调峰、容量备用和兜底供电保障。

绿电制氢工程并网标准尚不完善，增加电网安全稳定运行风险。新能源直供电制氢项目接入流程尚无明确规定和实施细则，部分项目可能存在不经电网安全校核、涉网性能不达标、监视控制手段不足等情况，增加电网安全稳定运行风险。

电氢耦合发展将面临如下关键技术问题：

氢能在新型电力系统中的功能定位尚不明确，电氢发展路径及模式机制有待探索。目前绿氢产业加速发展对电网的冲击影响与未来潜在价值尚不明确，氢能与电力系统融合发展路径不清晰，且受限于市场机制，新能源制氢项目参与大电网调节运行的激励方式不明确、商业模式不成熟，面向高比例新能源接入的长周期氢储能发展形态待探索。

波动性电制氢、储氢及燃料电池特性尚不清晰，仿真建模、安全评价等共性技术有待研究。目前适于电力系统的宽范围波动性电制氢、燃料电池设备的动静态特性、衰减机理尚不清晰，考虑能量物质流的电氢耦合联合仿真手段尚不完善，氢安全事故行为特征有待明晰。

电氢关键装备性能及经济性不能满足应用需求，相关试验验证的科研试验平台及标准缺乏。当前电氢转化核心装备与电网互动能力不足，存在动态性能差、调节范围窄、转化效率低、安全性不高等问题，同时电氢耦合装备 / 系统的并网性能试验检测方法、试验检测系统缺乏，试验检测标准体系不完善，难以分析大规模可再生能源波动性制氢、燃料电池发电对电网的影响评价。

典型应用场景下的电氢耦合系统并网规范及高效运行与主动支撑技术研究尚不充分。目前在不同场景下，波动性电制氢可调负荷与新能源协同调控技术研究不充分，电氢系统容量配置方法尚不完善，对电氢设备自身及与其他资源联合参与电网调峰调频的研究不足，氢能对电网的主动支撑作用未充分体现。

5.3.3　电网绿氢示范工程成效与问题分析

国内示范工程以源侧可再生能源电解水制氢为主，覆盖了制、储、输、用全链条，面向交通、化工（冶炼、甲醇、合成氨）等多元氢能应用生态，实现灰氢替代。电网的绿氢示范工程主要聚焦电氢耦合领域，进行小型的分布式可再生能源电制氢、燃料电池热电联供示范，主要依托科技项目进行技术路线验证，探索可再生能源消纳、电网调峰、终端能源利用率提升、应急备用电源等作用。其中，安徽六安兆瓦级氢能示范工程是国内首座兆瓦级氢能综合利用示范站，2023 年获评国家能源局能源领域首台（套）重大技术装备。

1　已建工程成效

已建工程促进了电氢领域的技术发展。示范项目以电氢耦合为出发点，通过电网自研及与外单位深度合作，建立了兆瓦级电站质子交换膜电—氢—电完整技术体系，掌握了兆瓦级氢综合利用站典型技术方案，验证了电氢系统相关优化调控运行方案、安全保护策略、运维方案，促进了电氢领域的技术发展。

对电氢耦合互动进行了初步探索，为深化氢能应用提供了经验。部分示范工程与调度侧初步实现了联调，对氢能参与实现 10kV 电网灵活调节进行了测试，如进行数十次 1MW 以下的调峰填谷，初步进行了电氢系统在 10kV 电压等级的并离网测试、能量管理测试，为未来进一步探索涉网调节性能、强化电网调峰能力支撑提供了一定的借鉴经验。

已建工程提供了可操作、可复制的工程案例，积累了氢能产业的建设运营经验。示范工程围绕"绿电制氢"，提供了可操作、可复制的电氢高度融合的建设方案，促进了与制氢、储氢、用氢环节相关单位的合作与交流，积累了相关产业建设运营经验，积累了氢能制、储、用各环节的理论分析与技术实践经验。

示范工程探索了电氢耦合的综合能源业务，为未来氢能产业的布局提供了参考。示范工程加强了氢能产业与多能供应服务产业的耦合，探索了电氢耦合的综合能源业务，通过工程实际运行情况，制定了下一步的工作计划，包括运营模式、技术研究、测试评价、成果转化、标准体系等，为未来氢能产业链的布局提供了参考。

2　已建工程问题

氢气按照危险化学品管理，在生产、研发、利用等各环节仍受诸多限制。氢气仍被归类为危化品管理，生产、运输、销售需办理危化品经营许可证、危险化学品生产许可证等证件，同时生产仅限于在化工园区内进行，氢气运输也需要相关资质和技术支持，一定程度上制约了氢能产业发展。

电氢协同程度有限，电氢互动研究与测试验证深度不够，支撑电氢协同的电力市场机制尚待健全。示范工程中氢能对电网多维度支撑研究深度不够，制氢规模较小，无法明确氢能参与电网辅助服务的方式，相关电氢互动如辅助电网调峰、调频等研究深度不够。

　　电制氢成本、材料与运维成本较高。一是电价较高，电制氢成本高；二是有的工程材料采购成本高，如生物质资源均收集自周边农户，采购成本低但交通运输成本高；三是运维成本高、难度大，如高温固体氧化物燃料电池，目前无相关标准规范化运维，现场运维人员需接受长时间培训，缺少典型设备故障处理手段，增加工程运行难度。

　　工程支持缺乏电氢耦合相关标准。已有的氢能相关标准主要涉及氢燃料质量、氢安全、建设、生产和提纯、存储、运输和加注、测试等方面，与氢电耦合相关的标准十分匮乏，为相关工程建设与技术推广带来较大挑战。

Chapter 6

总结与展望

世界主要经济体正在逐步减少化石能源比例，加快发展清洁能源，并相继提出"碳中和"目标，能源转型成为实现全球碳中和的必由之路。全球能源结构正在向以清洁能源为主体的方向转变，氢能作为最具发展潜力的清洁能源之一，是支撑可再生能源大规模发展的理想互联媒介，也是实现交通、工业和建筑等领域大规模深度脱碳的最佳选择。本报告基于 2023 年度氢能研发项目和工程数据，分析全球主要经济体及我国在氢能方面的技术进展和示范工程，开展氢能在新型电力系统中的应用研判，并对我国未来氢能发展提出建议。

6.1 总结

氢能在我国具有重要的战略定位，在新型能源体系构建中将发挥重要作用。全球和我国的可再生能源装机容量稳步上升，预计未来将实现更大规模的增长。氢能是未来能源体系的重要组成部分，是用能终端实现绿色低碳转型的重要载体，是战略性新兴产业和未来产业的重点发展方向。氢能供需水平稳步提升，预计未来绿氢将迅速发展并广泛应用于各生产领域。2022 年全球氢气产量达到近 9500 万 t，与 2021 年相比增长了 3%，但仍以灰氢为主；全球用氢量达到近 9500 万 t，比 2021 年增加了近 3%。我国是世界上最大的制氢国，也是最大的氢气消费国。2022 年我国氢气产量为 3533 万 t/ 年，同比增长 1.9%，约 80% 来自化石能源；我国用氢量约为 2850 万 t/ 年，同比增长 5%，约 80% 用于工业领域。

全球主要国家的氢能研发项目和示范工程加速推进。技术进展方面，2023 年美国、德国和日本的氢能项目大部分布局在电解制氢、电力用氢方面，德国和日本开始关注航空氢气发动机。示范工程方面，截至 2022 年底，全球运行、建设、规划的氢能工程共计 1933 项，主要分布在欧洲、美洲和亚洲，运行工程的制氢规模约 785MW，主要工程类型为电解水制氢，应用于交通领域的较多。

我国氢能研发项目全方位布局，示范工程数量不断增加。技术进展方面，我国继续对电制氢、储氢、用氢和电氢耦合领域进行了全方位布局研究，并开始关注阴离子交换膜电解制氢、电解海水制氢、地质储氢、煤掺氢/

氨燃烧、用户侧燃料电池微网集成与主动支撑电网关键技术等，重点项目研发主要集中在用氢技术领域，该领域的项目占比 40%。示范工程方面，我国氢能项目持续增加，可再生能源制氢项目占比较大，截至 2023 年 12 月我国氢能工程共有 237 项，制氢总规模达到 15.5GW，2023 年氢能项目有 54 项，占我国氢能总项目数的 23%，以可再生能源制氢工程为主，主要应用于化工、交通领域，少数用于发电领域。

氢能相关国际标准虽多，但与电力领域结合的标准较少，氢能在新型电力系统中的技术挑战与需求需解决。ISO 和 IEC 共发布 130 项氢能相关标准中，只有 11 项标准与电力领域有一定相关性；已制定的氢能国家标准和行业标准共 139 项，与电力领域结合的标准共 11 项，主要聚焦在燃料电池领域，但仍是模块 / 系统的安全、安装、本体特性，未涉及与电力系统的交互影响，在电氢耦合领域的标准仍是空白。电氢耦合领域论文主要关心电氢耦合应用场景、风光氢场站优化配置、风光氢系统协调控制与优化调度、新能源电解制氢技术经济效益、接入氢储能的商业模式、风 / 光氢耦合系统建模与仿真等主题，氢能在新型电力系统中进行应用的市场机制与商业模式、规划与经济性分析、建模与仿真、电氢耦合影响机理、运行控制、试验测试等技术问题需解决。

围绕氢能在新型电力系统的定位、电氢耦合经济性发展趋势、制氢系统运行控制、综合能源生产单元、氢能在新型电力系统的应用研判及挑战等开展研究。氢能是新型电力系统中重要的灵活性调节资源，氢能与电力系统的耦合重点在于实现电 – 氢 – 电的并网互动，促进风、光等波动性可再生能源消纳。相关专题已形成一套包括经济性发展趋势、制氢系统运行控制、综合能源生产单元的电氢耦合研究方法体系及关键技术研究成果，可为电氢耦合发展及新型电力系统建设提供技术支撑。

6.2　展望

随着技术的不断进步和产业布局的持续完善，氢能将应用于新型电力系统的"源、网、荷"各环节，呈现出电氢耦合发展态势，在我国能源体系中占据重要地位，成为支撑新型电力系统建设和推动绿色经济可持续发展的重要力量。

技术研究方面，氢能与新型电力系统间的耦合关系将更加紧密，需要围绕电氢耦合关键技术开展攻关布局。重点围绕电氢发展路径与模式机制、氢能并网特性与共性技术、典型场景电氢互动支撑电网技术、电氢关键装备技术与研制、电氢测试评价与工程应用等开展研究，促进氢能在新型电力系统中应用。质子交换膜电解制氢、固态储氢和地下盐穴储氢、燃料电池热电联供等技术有望成为未来重点发展方向。

应用场景方面，积极探索新场景与示范模式将为氢能产业的规模化发展提供有力支持。结合国家战略和各地区的实际需求，在大规模新能源汇集、负荷密集接入、调峰调频困难等关键电网节点，探索布局氢储能电站，参与电网灵活性调节；在国家氢燃料电池车示范城市，重点在重卡、物流车辆需求密集区，因地制宜建设分布式电制氢加氢站综合能源服务站，打造精品示范工程，将进一步拓展氢能的应用领域和市场规模。

标准体系方面，随着氢能在新型电力系统中应用不断深入，电氢耦合标准体系的建设需求将更加迫切。需要围绕氢能发展"制储输用"全产业链发展需求，发挥标准的基础性、战略性、引领性作用，加强氢能标准化工作顶层设计，从风光可再生能源制氢、氢能电站、电氢耦合运行控制等方向，推进能源电力领域电氢耦合的标准化工作，构建并进一步完善氢能与电网耦合领域的标准体系，促进氢能在电力系统应用工程的标准化建设和规范化管理。

国际交流方面，世界主要国家加速布局氢能产业，未来围绕氢能开展的政策对话、技术交流、项目合作等将更加频繁。需要积极开展国际间电氢耦合领域交流合作，跟踪国际氢能前沿技术发展及工程建设动态，共享电氢耦合关键技术研究成果，提升我国在氢能领域的国际影响力和话语权，共同推动全球氢能产业的繁荣发展。

参考文献

[1] 辛保安 . 新型电力系统与新型能源体系 [M]. 北京：中国电力出版社，2023.

[2] 舒印彪，张丽英，张运洲，等 . 我国电力碳达峰、碳中和路径研究 [J]. 中国工程科学，2021，
23(6)：1-14.

[3] 刘小奇，陈瑶，周友，等 . 大规模电氢耦合系统：中欧大型能源企业的技术视角分析与展望 [J].
中国电机工程学报，2023，43(18)：7003-7010.

[4] Fuel Cells and Hydrogen Joint Undertaking. Hydrogen Valleys: Insights into the emerging hydrogen
economies around the world[M]. Publications office of the European Union, 2021.

[5] 许传博，刘建国 . 氢储能在我国新型电力系统中的应用价值、挑战及展望 [J]. 中国工程科学，
2022，24(3)：89-99.

[6] 蔡国伟，孔令国，薛宇，等 . 风氢耦合发电技术研究综述 [J]. 电力系统自动化，2014，38(21)：
127-135.

[7] 邱一苇，吉旭，朱文聪，等 . 面向新能源规模化消纳的绿氢化工技术研究现状与关键支撑技术展
望 [J]. 中国电机工程学报，2023，43(18)：6934-6955.

[8] 张春雁，窦真兰，王俊，等 . 电解水制氢 - 储氢 - 供氢在电力系统中的发展路线 [J]. 发电技术，
2023，44(3)：305-317.

[9] 王士博，孔令国，蔡国伟，等 . 电力系统氢储能关键应用技术现状、挑战及展望 [J]. 中国电机工
程学报，2023，43(17)：6660-6681.

[10] 潘光胜，顾伟，张会岩，等 . 面向高比例可再生能源消纳的电氢能源系统 [J]. 电力系统自动化，
2020，44(23)：1-10.

[11] 郜捷，宋洁，王剑晓，等 . 支撑中国能源安全的电氢耦合系统形态与关键技术 [J]. 电力系统自动
化，2023，47(19)：1-15.

[12] 鲁明芳，李咸善，李飞，等 . 季节性氢储能 - 混氢燃气轮机系统两阶段随机规划 [J]. 中国电机工
程学报，2023，43(18)：6978-6992.

[13] 孔令国，陈钥含，万燕鸣，等 . 计及调峰辅助服务的风电场 / 群经济制氢容量计算 [J]. 电工技术
学报，2023，38(16)：4406-4420.

[14] 蔡国伟，陈冲，孔令国，等 . 风电 / 制氢 / 燃料电池 / 超级电容器混合系统控制策略 [J]. 电工技术
学报，2017，32(17)：84-94.

[15] 陈胜，张景淳，韩海腾，等 . 计及辅助服务的电 - 气 - 氢综合能源系统优化调度 [J]. 电力系统自动化，2023，47(11)：110-120.

[16] 林今，余志鹏，张信真，等 . 可再生能源电制氢合成氨系统的并 / 离网运行方式与经济性分析 [J]. 中国电机工程学报，2024，44(1)：117-127.

[17] 邵志芳，吴继兰，赵强 . 城市电网耦合氢储能系统投资决策方法研究 [J]. 电力工程技术，2017，36(5)：45-51.

[18] Li Q, Qiu Y, Yang H, et al. Stability-constrained Two-stage Robust Optimization for Integrated Hydrogen Hybrid Energy System[J]. CSEE journal of power and energy systems, 2021, 7(1): 162-171.

[19] 李学军，张一瑾，赵尔敏，等 . 接入氢储能的低压直流系统及其商业模式构建 [J]. 电器与能效管理技术，2021(7)：29-33+39.

[20] Alvarez-Mendoza F, Bacher P, Madsen H, et al. Stochastic model of wind-fuel cell for a semi-dispatchable power generation[J]. Applied Energy, 2017, 193: 139-148.

[21] 赵强，张雅洁，谢小荣，等 . 基于可再生能源制氢系统附加阻尼控制的电力系统次同步振荡抑制方法 [J]. 中国电机工程学报，2019，39(13)：3728-3736.

[22] 刘承锡，曾冠维，廖敏芳，等 . 大容量电解槽动态仿真建模及其快速频率响应分析 [J]. 电网技术，2023，47(11)：4638-4648.

[23] Ghazavi M, Jalali A, Mancarella P. Fast Frequency Response From Utility-Scale Hydrogen Electrolyzers[J]. IEEE Transactions on Sustainable Energy, 2021, 12(3): 1707-1717.

[24] 郭小强，魏玉鹏，万燕鸣，等 . 新能源制氢电力电子变换器综述 [J]. 电力系统自动化，2021，45(20)：185-199.

[25] 孙惠娟，阚炜新，彭春华 . 考虑电氢耦合和碳交易的电氢能源系统置信间隙鲁棒规划 [J]. 电网技术，2023，47(11)：4477-4490.

[26] 杜易达，王迩，谭忠富，等 . 电 - 碳 - 气 - 绿证市场耦合下的电氢耦合系统运行优化研究 [J]. 电网技术，2023，47(8)：3121-3135.

[27] Aguirre M, Couto H, Valla M I. Analysis and simulation of a hydrogen based electric system to improve power quality in distributed grids[J].International Journal of Hydrogen Energy, 2012, 37(19): 14959-14965.

[28] Bhuyan S K, Hota P K, Panda B. Power Quality Analysis of a Grid-connected Solar/Wind/Hydrogen Energy Hybrid Generation System[J]. International Journal of Power Electronics and Drive Systems, 2018, 9(1): 377.

[29] 韩学栋 . 氢燃料电池接入中压直流配电网中电压稳定控制方法 [J]. 能源与节能，2022，(7)：37-40.